AF545740

Sonja & Toni Schmid

Bio-Wein
im eigenen Garten

2. Auflage

© 2018 by Löwenzahn in der Studienverlag Ges.m.b.H., Erlerstraße 10, A-6020 Innsbruck
E-Mail: loewenzahn@studienverlag.at
Internet: www.loewenzahn.at

Buchgestaltung sowie grafische Umsetzung: Judith Hausmann, Eine Augenweide, www.eine-augenweide.com
Umschlag: Saskia Beck, www.s-stern.com
Fotos Umschlag: Rupert Pessl Photography, Illustration: Wolfgang Privitzer, Der Zeichner
Fotos Innenteil: detaillierter Bildnachweis auf Seite 163

Illustrationen: Wolfgang Privitzer, Der Zeichner

Gedruckt auf umweltfreundlichem, chlor- und säurefrei gebleichtem Papier.

Bibliografische Information Der Deutschen Bibliothek
Die Deutsche Bibliothek verzeichnet diese Publikation in der Deutschen Nationalbibliografie; detaillierte bibliografische Daten sind im Internet über <http://dnb.ddb.de> abrufbar.

978-3-7066-2622-4

Alle Rechte vorbehalten. Kein Teil des Werkes darf in irgendeiner Form (Druck, Fotokopie, Mikrofilm oder in einem anderen Verfahren) ohne schriftliche Genehmigung des Verlages reproduziert oder unter Verwendung elektronischer Systeme verarbeitet, vervielfältigt oder verbreitet werden.

Sonja & Toni Schmid

Bio-Wein im eigenen Garten

Wie Anbau, Pflege und Ernte auf kleiner Fläche gelingen

Löwenzahn

Inhalt

Inhalt

Inhalt

Lust auf selbst geernteten Wein?

Der eigene oder in Gemeinschaft genutzte Garten hat in den vergangenen Jahren auch als Nutzgarten eine echte Renaissance erlebt. Dabei steht natürlich meist nicht die unbedingte Notwendigkeit der Selbstversorgung im Zentrum. Vielmehr ist die Qualität der eigenen Gartenerzeugnisse das Besondere – man weiß einfach ganz genau, was man zu sich nimmt, und kann Obst, Gemüse und Kräuter in einer Frische und Vielfalt genießen, die am Markt kaum zu haben ist. Ebenso wichtig sind vielen Menschen die sinnlichen und emotionalen Erlebnisse, die Verbundenheit mit Pflanze und Natur, die Freuden des Keimens, Pflanzens, des Erntens und Genießens. Und schon lange gelten auch die handwerklichen, gartenbaulichen und hauswirtschaftlichen Fertigkeiten, die wir uns beim Gärtnern aneignen, nicht mehr als überkommen. Im Gegenteil: Vielen Menschen werden Werte wie Autonomie und Selbstmächtigkeit zunehmend wichtiger, und wer das Glück hat, einen Garten bestellen zu können, kann diese Werte, zumindest im Kleinen, selbst leben. Auch der spezifische Wert eigener Erfahrungen steigt vor dem Hintergrund der massenhaft verfügbaren digitalen Information enorm. Beim Gärtnern begegnen wir Lebewesen in der realen Welt. Pflanzen wachsen nicht schneller, wenn wir den Speicherplatz erhöhen, ihr Geschmack und ihre Schönheit lassen sind nicht durch Bildbearbeitungsprogramme verbessern. Dieses Erleben ist in einer zunehmend digitalisierten Welt ungemein wertvoll.

Es gibt also viele Gründe, sich mit dem Gärtnern zu beschäftigen. Das neue Buch von Sonja und Toni Schmid bietet eine wichtige Ergänzung zur neueren Hausgarten-Literatur: Es bringt den Garteninteressierten nun auch den Weinbau im eigenen Garten nahe, und eröffnet damit einen ganz neuen Kosmos an Nutzungen und Erfahrungen. Dabei werden unterschiedlichste Aspekte dieser uralten Kulturtechnik beleuchtet, und den Hausgartenbedingungen angepasste, umweltschonende biologische Methoden des Anbaus und der Kulturführung vermittelt, basierend auf eigenen langjährigen Erfahrungen der Autorin und des Autors. Die Vielfalt kommt beim Thema Wein gleich doppelt zu tragen: Einerseits über die zur Verfügung stehende Sorten- und Artenvielfalt. Andererseits über das Kapitel zum Weingarten als vielfältiger Garten, in dem unterschiedliche Nutzpflanzen zusammen gedeihen.

Liebe Sonja, lieber Toni, viel Erfolg für Euer Buch! Ihnen, liebe Leserin und lieber Leser, möge es viele nützliche Hinweise geben, wie die naturnahe Weinkultur in Ihrem eigenen Garten gelingen kann.

Beate Koller
ehem. ARCHE NOAH Geschäftsführerin

Entdecken Sie die Vielfalt des Weins!

Wir leben auf unserem Biobetrieb im Weinviertel in Niederösterreich, eine Stunde nordwestlich von Wien entfernt. Unsere Weingärten liegen an den Süd- und Osthängen des Manhartsberges, einer sanften Hügelkette aus Urgestein am Rande der Böhmischen Masse. Die Böden sind geprägt durch den Granit des Manhartsberges und den Löss, der in der Ebene des Schmidatales sehr mächtig ist. Wir leben sehr gerne in dieser sanft-hügeligen Landschaft.

Unser trockenes Klima ist gut für Weinbau geeignet. Der etwas kühlere Einfluss aus dem Waldviertel sorgt für eine hervorragende Aroma-Ausprägung der Weine. Unsere Weine beeindrucken durch natürlichen Jahrgangs- und Sortencharakter. ‚Grüner Veltliner' ist die bedeutendste Sorte in der Region und auch in unserem traditionellen Betrieb fest verankert. Aber auch Sorten wie ‚Weißburgunder', ‚Frühroter Veltliner' und ‚Blauer Zweigelt' gedeihen besonders gut auf unseren Maissauer Urgesteins- und Lössböden.

Vor rund 15 Jahren pflanzten wir zu Versuchszwecken verschiedene PIWI-Tafeltrauben-Sorten (PIWI-Sorten = pilzwiderstandsfähige Sorten, → siehe ab Seite 31). Seither konnten wir viele Erfahrungen sammeln und sind von zahlreichen Sorten begeistert. Viele Freunde und Bekannte, aber auch WinzerkollegInnen teilen mit uns diese Begeisterung.

In unserer biologischen Landwirtschaft werden neben Getreide und Leguminosen wie Futtererbsen oder Klee auch Spezialkulturen wie Färberdisteln, Leindotter und Einkorn angebaut.
Wir arbeiten mit voller Begeisterung in unserem Biobetrieb. Immer besser verstehen wir dadurch die Kreisläufe der Natur und vertiefen unser Wissen im Einklang mit ihr. Ein gesunder Boden ist dabei die Grundlage für uns und für zukünftige Generationen.

Weintrauben zum Naschen sind herrlich. Viele verschiedene Sorten, die alle unterschiedlich schmecken, sind einfach ein Hochgenuss! Große, kleine und mittelgroße Beeren, knackig oder weich – alle saftig und süß mit herrlichen Aromen. Aber nicht nur die frischen Tafeltrauben sind köstlich. Auch bei den verschiedenen Produkten aus der Traube gerät man ins Schwärmen: selbstgemachte Rosinen, ein herbstlicher Weintraubenstrudel, rotes Traubengelee zur Käseplatte oder Traubensaft, der uns ganzjährig den süßen Geschmack des Spätsommers beschert. Weintrauben sind sehr vielfältig in ihren Verwendungsmöglichkeiten und dadurch ein „Allroundtalent", das für jeden etwas bietet.

Vor allem die höchste Form der Vollendung einer Weintraube – der Wein. Auch hier gibt es verschiedenste Ausprägungen, abhängig von der Sorte, vom Terroir (also dem Zusammenspiel aus Boden, Geologie und Klima eines Standorts) und vielen anderen Faktoren.

Wir begegnen immer wieder Menschen, die uns fragen:
„Wie pflanze ich einen Weinstock eigentlich richtig?"
„Ich habe ein paar Weinstöcke daheim, aber wann und wie schneide ich den Weinstock?"
„Wie kann ich aus dem eigenen Traubenmost selbst Saft herstellen?"
All diese Fragen und noch mehr möchten wir in diesem praxisbezogenen Buch beantworten.
Es reicht ein kleines Plätzchen Erde, viel Sonne, ein Rankgerüst und – Simsalabim – in ein paar Jahren kann man selbst Trauben ernten. Sie laden zum Naschen ein, können Schattenspender sein oder als dekorative Begrünung dienen. Mit der Entwicklung eines Weinstocks können der Rhythmus der Natur und der Jahresverlauf gut beobachtet werden. Als Belohnung rückt man nicht nur der Natur ein bisschen näher, sondern erntet auch herrlich schmeckende Trauben. Weinstöcke sind ungemein anpassungsfähig und wachsen an vielen Standorten. Sie werden sehen, es gibt unzählige Möglichkeiten, nicht nur im Garten, sondern auch am Balkon. Wir hoffen, Sie mit unserer Begeisterung für Weinreben anzustecken, und wünschen Ihnen viel Spaß mit unserem Praxisbuch!

Wir bedanken uns bei unseren Freunden und Bekannten für die vielen Fragen und Anregungen und bei Anita Winkler vom Löwenzahn Verlag für den Anstoß zu diesem Buch. Weiters danken wir den Mitarbeitern des Verlags, allen PIWI-ZüchterInnen, der Rebschule Hummel, der Familie Paradeiser, der Familie Wunderer und allen anderen, die uns bei diesem Buchprojekt unterstützt haben.

Sonja Schmid & Toni Schmid
Bioweinhof Toni Schmid
www.tonischmid.at

Der Höhepunkt des Weinjahres – die Weinernte. Dabei ist besondere Sorgfalt notwendig.

Der Wein hält nichts geheim!

Und wir auch nicht! Deshalb starten wir sogleich mit unserer Entdeckungstour durch die Geschichte des Weins und erkunden gemeinsam mit Ihnen den faszinierenden Aufbau der Weinrebe. Denn je besser Sie Ihre Pflanzen kennen, desto einfacher werden der Anbau und die Pflege.

Um den Wein ranken sich einige Geschichten. Aber auch ohne Mythen hat diese Pflanze viel zu bieten – lassen Sie sich überraschen!

Wein – Geschichte & Biologie

Geschichte des Weins

Die Geschichte der Weinrebe beginnt bereits vor rund 80 Millionen Jahren, dies belegen Relikte von Reben, z.B. in Braunkohleflözen in der Steiermark (Österreich) oder in Klettwitz bei Senftenberg in Brandenburg (Deutschland). Verschiedene Wildreben-Arten gab es in großen Teilen Europas, in Nordamerika und Asien.

Die Kulturrebe (*Vitis vinifera*) dürfte im Gebiet des südlichen Kaspischen Meeres und des Zwischenstromlandes bis zum Persischen Golf entstanden und von dort als Kulturform nach Süd- und Mitteleuropa gelangt sein. Man nimmt an, dass die Menschen damals, als sie noch Jäger und Sammler waren, die wildwachsenden Reben gesammelt und verarbeitet haben. Erst durch die Sesshaftwerdung wurde ein gezielter Anbau der Weinrebe möglich.

Im Südkaukasus (heutiges Georgien) wurde vermutlich schon vor mehr als 7.000 Jahren Wein produziert – das beweisen Überreste auf jungsteinzeitlichen Tonscherben. Noch heute gibt es in Georgien eine beachtliche Anzahl an Rebsorten (ca. 500).

In Ägypten wurde um 3.000 v. Chr. Wein an Pfählen hochgezogen, weil keine geeigneten Bäume vorhanden waren. Wein war dort ein Getränk der Oberschicht und auch ein beliebtes Motiv für (Grab-)Malereien. 1988 wurde in Ägypten in einem Pharaonengrab eine Grabbeigabe von 400 Weinkrügen – insgesamt rund 4.000 Liter – entdeckt. Ebenfalls aus dieser Zeit stammt der älteste fossile Reben-Nachweis Österreichs in Krems an der Donau (Niederösterreich).

Sonja: „Zehn Kilometer von uns zuhause entfernt, wurden in einer prähistorischen keltischen Siedlung Nachweise der Kulturrebe aus der Zeit um 300 v. Chr. gefunden.“

Die Römer waren es, die schließlich den organisierten Weinanbau und die Weinkultur an die Donau brachten. Auch Karl der Große (768–814) war ein großer Förderer des Weinbaus. Zwischen dem 10. und dem 12. Jahrhundert erfolgte die große Ausbreitung des Weins durch Klöster, Stifte und Adel. In der Folge wurde Wein zum Getränk der breiten Bevölkerung, da das Wasser oft verunreinigt war. In dieser Zeit gab es die größte Ausdehnung des Weinbaus in Österreich.

Europäische Eroberer brachten den Wein in ihre Kolonialgebiete wie Südamerika, Südafrika oder Neuseeland. Gegen Ende des 16. und zu Beginn des 17. Jahrhunderts kam es fast zum Niedergang des Weinbaus. Gründe waren die hohe steuerliche Belastung, Kriege sowie die Reformation und die mit ihr einhergehende Schließung von Klöstern.

Ein wichtiger Meilenstein im Ausbau der Weinkultur war das 1784 von Joseph II. erteilte Buschenschank-Patent. Dieses erlaubte Weinbauern, ihren eigenen Wein auszuschenken. So entwickelten sich die traditionellen Buschenschanken (auch als „Heuriger" bezeichnet), die bis heute die Gaumen von Jung und Alt erfreuen.

Ende des 19. Jahrhunderts kam es zur Einschleppung von Pilzkrankheiten und der Reblaus, die die europäischen Weinreben fast gänzlich vernichtete. Erst langsam gelang die Umstellung der Weingärten auf veredelte Reben mit reblaus-immuner Unterlage. Ab 1956 erfolgte die Mechanisierung und Rationalisierung des Weinbaus durch die Einführung der Hochkultur von Lenz Moser.

1986 entstand das neue „Österreichische Weingesetz", das eines der strengsten Weingesetze der Welt war. Seit dem EU-Beitritt 1995 gilt auch hierzulande das EU-Weinrecht.

Verbreitung

Die Verbreitung der Rebe ist außerordentlich und durchzieht fast alle Kontinente der Welt.

Die Weinrebe gedeiht in allen gemäßigt warmen Klimazonen, grob eingeteilt in zwei Gürtel: nördlich zwischen dem 30. und 50. Breitengrad und südlich zwischen dem 30. und 40. Breitengrad. Wobei auch außerhalb dieser Zonen – an sonnigen Südhängen oder in geschützten Lagen – Wein angebaut werden kann.

Der meiste Wein wird in Europa auf einer Rebfläche von ca. 4 Mio. Hektar angebaut, das sind momentan rund 60 % der weltweiten Anbauflächen. In Europa sind die flächenmäßig bedeutendsten Weinbauländer Spanien, Frankreich und Italien. In wärmeren Ländern wie im nördlichen Afrika, in Spanien, Griechenland oder der Türkei werden große Trauben-Bestände für die Produktion von Speisetrauben und Rosinen verwendet.

Wein in Extremlagen

Wein ist sehr anpassungsfähig. Viele Faktoren wie Kleinklima, Bewässerung und ganz besonders die jeweilige Traubensorte ermöglichen den Anbau von Wein auch in extremen Lagen.

Sonja: „Uns war klar, dass Weinanbau immer mehr Flächen findet. In welchen extremen Lagen Wein heute angebaut wird, haben wir aber erst bei unseren Recherchen herausgefunden. Dazu möchten wir weltweit einige Beispiele anführen."

Aufgrund der Klimaerwärmung werden immer mehr Gebiete auch in Österreich, Deutschland, der Schweiz und Südtirol für den Wein (zurück) erobert. Das war nicht immer so. Im Mittelalter, Anfang des 16. Jahrhunderts, gab es in Österreich flächenmäßig die größte Ausdehnung an Weinbau, sogar in den rauesten und kältesten Bundesländern Österreichs. Im späten 16. Jahrhundert begann der Niedergang des Weinbaus. Die Ursache lag in der sogenannten „kleinen Eiszeit", die zwischen der zweiten Hälfte des 16. Jahrhunderts und dem beginnenden 19. Jahrhundert einsetzte. Es handelte sich damals um eine Erdabkühlung, die sich regional und zeitlich unterschiedlich auswirkte. Jedoch mit der Folge, dass unter anderem in Österreich viele Weingartenanlagen verschwanden. In heute ganz untypischen Weinbauregionen tauchen alte Flur- oder Straßennamen auf, die auf den damaligen Weinbau hinweisen. Das zweite große Verschwinden von vielen Weingarten-Anlagen hängt mit der Einschleppung von Pilzkrankheiten und der Reblaus gegen Ende des 19. Jahrhunderts zusammen.

Die höchstgelegenen Weinberge Europas befinden sich auf 1.150 m im Wallis (Schweiz) sowie bis auf 1.500 m auf der Mittelmeerinsel Zypern. Die höchstgelegenen Weingärten der Welt liegen in Chile und Argentinien auf bis zu 3.000 m Höhe.

Weinanbau in Österreich

In Oberösterreich gibt es aktuell ungefähr 40 Winzer mit ca. 70 Hektar Rebfläche, Tendenz steigend. Im Tiroler Oberland wächst in Venburg Wein auf 1.100 m und sogar am Eingang des Ötztals. Auch hier in Tirol ist die Tendenz der Weinflächen steigend.
In der Steiermark liegen im Sausal-Gebiet Einzellagen auf bis zu 650 m Seehöhe und mit Hangneigungen von bis zu 90 %. Dort muss zusätzlich mit Seilwinden gearbeitet werden, da derart steile Lagen nicht mehr alleine mit dem Traktor befahren werden können.

April, April, der macht, was er will! - auch mit den Weingärten. Hier gibt's eine ordentliche Abkühlung für Vorarlberger Weinreben (Österreich).

Auch in Kärnten steigen von Jahr zu Jahr die Weinflächen, einer der höchsten Weingärten befindet sich in 760 m Seehöhe im Mölltal. In Vorarlberg werden momentan fast 20 Hektar weinbaulich bewirtschaftet.

Extremlagen in Italien

In Südtirol wächst seit 4 Jahren der erste Bio-Wein auf 1.300 m Seehöhe, im Passeiertal auf 1.000 m Seehöhe oder im Südtiroler Unterland wächst Wein auf 1.200 m Seehöhe. Das Südtiroler Versuchszentrum Laimburg forscht zum Thema Klimaerwärmung und deren Auswirkungen auf den Weinbau sowie Weinsorten in Extremlagen.

Extremlagen in Deutschland

Viele deutsche Rebflächen liegen relativ weit nördlich, fast bis zum 50. Breitengrad. Dies ist nur möglich durch besonders geschützte Anbauflächen in Flussnähe und Hängen mit guter Sonneneinstrahlung.

Extrem steile Weinlagen befinden sich in Deutschland an der Mosel mit einem Neigungswinkel bis knapp 70 %. (Schon 45 ° entsprechen einer Steigung von 100 %.) Noch steiler ist der Engelsfelsen im Bühlertal mit 75 %. Aber auch **international** gibt es einige beachtliche Standorte für Wein:

Weinanbau in Argentinien

In Argentinien liegen die Weinanbaugebiete zwischen dem tropischen Norden (Cafayate-Tal) und Patagonien im Süden, also zwischen dem 25. und 40. Breitengrad der südlichen Halbkugel. Die Weingärten liegen auf einer Höhe von ca. 600–1.700 m und einige auf fast 2.500 m. Besonders sind nicht nur die Höhenlagen, sondern auch, dass das Schmelzwasser der Anden für die Bewässerung der Weingärten durch Kanäle geleitet wird. Negativ könnte sich die Klimaerwärmung auswirken, da immer weniger Schmelzwasser zur Verfügung steht.

Weinanbau in Chile

In Nordchile in den grünen Hochtälern am Rand der Atacama-Wüste befinden sich Weinberge in extremen Höhenlagen, teilweise mit einer Seehöhe von bis zu 2.300 m. Spanische Eroberer (und oft Missionare – wegen des Messweins) brachten Mitte des 16. Jahrhunderts die ersten Rebsetzlinge nach Chile.

Und so sieht das Ganze in der kalten Jahreszeit aus. Auch in südlicheren Gebieten wird Winterruhe gehalten.

Weinanbau auf Lanzarote

Mehrere Vulkanausbrüche im 18. und 19. Jahrhundert begruben fruchtbares Ackerland unter Lava und Ascheschichten. Da es auf Lanzarote wenig regnet und der Wind durch das Meer sehr stark sein kann, sind die Weinstöcke durch kleine Steinwälle geschützt. In manchen Weingarten-Anlagen sitzt je ein Weinstock in einem kleinen Krater aus schwarzem Vulkansand. Als einzige Wasserquelle dient hier die Luftfeuchtigkeit, die durch Verdunstung über dem Meer entsteht. Der Tau sammelt sich an den Wänden der Krater-Kuhlen bei den Rebstöcken, wird von der Vulkanasche aufgesogen und steht so den Rebpflanzen tagsüber zur Verfügung.

So kreativ kann Weinbau sein: Auf Lanzarote werden die Weinstöcke durch Steinwälle geschützt.

Toni: „Wir waren vor einigen Jahren auf Lanzarote auf Urlaub und waren von der Insel und der Art des Weinbaus sehr beeindruckt. Mittlerweile werden durch Investoren auch andere Erziehungssysteme ausprobiert, ob diese erfolgreich sind, wird sich erst zeigen."

Weinanbau in Französisch-Polynesien

Mitten im Pazifik wächst am Festland des Tuamotu-Archipels, 350 km von Tahiti entfernt, zwischen Kokospalmen Wein. 50 Sorten wurden in einem Projekt ausprobiert, drei Sorten erwiesen sich als geeignet. Nach vielen Versuchen und 10-jähriger Eingewöhnungszeit wachsen nun zwei Ernten pro Jahr bei Temperaturen von stetig über 30 °C.

Weinanbau in Schweden

Ungefähr 100 Hektar sind in Schweden mit Wein bepflanzt. Der Großteil des Weinanbaus konzentriert sich auf die westliche Halbinsel von Südschweden, aber auch im Osten auf der Insel Öland wird Wein angebaut. Das Meer sorgt für mildes Klima, auch im Winter. Je weiter die Weingärten von der Küste entfernt sind, desto tiefer die Temperaturen und desto gefährlicher die Spätfrostgefahr. Gegen den vorherrschenden Wind werden die Weinstöcke durch Hecken geschützt. PIWI-Sorten wie ‚Donauriesling', ‚Solaris', ‚Bronner', ‚Muscaris' werden dort bevorzugt angebaut, aber auch ‚Chardonnay' und ‚Merlot'.

Weinanbau in Kanada

Im äußersten Westen Kanadas, 400 km von der Pazifikküste entfernt, erstreckt sich hinter schneebedeckten Gipfeln und tiefen Schluchten das Okanagan-Tal. Es handelt sich hierbei um eine kontrastreiche Landschaft mit sehr fruchtbaren Böden und vielen Seen. Die Temperaturschwankungen liegen zwischen +45 °C im Sommer und -35 °C im Winter. Hier werden Sorten wie ‚Pinot Noir' und ‚Chardonnay' angebaut.

Der Einfluss des Klimawandels auf den Weinbau

Die Klimaerwärmung könnte in etablierten Weingebieten zu Problemen führen, da sich durch wärmere Durchschnittstemperaturen der Weintyp verändern kann. Die frische Aromatik und Säure der Sorte ‚Grüner Veltliner' wird beispielsweise durch kühle Nächte geprägt. Durch das Ansteigen der Durchschnittstemperaturen verfrüht sich die Ernte und die kühleren Herbstnächte fehlen zur Bukett-Ausbildung.

Zunehmende Wetter-Extreme können Qualität und Menge der Ernte beeinträchtigen. Andererseits wird Weinanbau durch die Klimaerwärmung in immer mehr Lagen möglich, was die Erschließung neuer Weinbaugebiete zur Folge haben wird. Aktuell gibt es Weinanbau-Versuche in Dänemark, im Vereinigten Königreich und in vielen anderen Ländern.

Biologischer Weinbau

Der biologische Weinbau, auch ökologischer Weinbau genannt, ist eine naturschonende Bewirtschaftungsform unter Berücksichtigung von Ökologie und Umweltschutz. Als Grundsatz gelten der Verzicht auf alle chemisch-synthetischen Pflanzenschutzmittel, leicht lösliche mineralische Düngemittel (Kunstdünger) und der völlige Verzicht auf Gentechnik.

Im Vordergrund steht die ganzheitliche Betrachtung der Naturkreisläufe sowie die Gesunderhaltung und Förderung der Bodenfruchtbarkeit als Grundlage der Produktion. Durch den Verzicht

Was gibt es Schöneres als selbst geerntetes Gemüse und Obst? Wein passt ganz hervorragend in den Gemüsegarten!

auf Herbizide (Unkrautbekämpfungsmittel) und Insektizide (Insektenbekämpfungsmittel) wird die Artenvielfalt in der Tier- und Pflanzenwelt erhalten, gleichzeitig wird Lebensraum für Nützlinge geschaffen. Der ökologische Landbau sorgt für ein intaktes Ökosystem, in dem Tiere wie Pflanzen in Koexistenz miteinander leben. Zudem lehnt eine ökologische Landwirtschaft den Einsatz gentechnisch veränderter Organismen ab und fördert die Kultivierung samenfester Sorten, die sich immer wieder vermehren lassen.

Bioprodukte sind bestens kontrolliert und mit verschiedenen Logos gekennzeichnet. Biobetriebe werden durch eine befugte Biokontrollstelle überprüft. Dazu ist der Abschluss eines Biokontrollvertrages im Vorfeld notwendig. Weinbaubetriebe, die in die biologische Produktion neu einsteigen, haben eine Umstellungszeit von 36 Monaten und erhalten, nach bestandener Kontrolle, ein Bio-Zertifikat.

Die gesetzlichen Grundlagen für die biologische Produktion sind in der EU-Verordnung 834/2007 geregelt. Darüber hinaus gibt es Verbände mit zusätzlichen Bestimmungen. Im Bio-Weinbau gibt es zwei Produktionsweisen: organisch-biologischer und biologisch-dynamischer Weinbau. Im organisch-biologischem Anbau liegt das Hauptaugenmerk auf der Erhaltung und Förderung der Bodenfruchtbarkeit sowie der Pflanzenstärkung mit biologischen Mitteln. Im biologisch-dynamischen Weinbau wird zusätzlich der Kosmos miteinbezogen und der Betrieb als Organismus angesehen. Es werden verschiedene Arbeiten nach den Mondphasen ausgerichtet und Hornmist und Horn-Kiesel-Präparate ausgebracht.

Toni: „Bio-Weinbau ist auf jeden Fall aufwändiger, risikoreicher und arbeitsintensiver – aber für mich der einzig wirklich nachhaltige Weg für gesunde Lebens- und Genussmittel."

Reborgane und ihre Funktionen

Wenn man Weinreben kultivieren möchte, ist es wichtig, sich mit deren Biologie auseinanderzusetzen. Dazu gehört der Aufbau der Rebe mit ihren Organen und Funktionen (→ siehe Zeichnung Seite 22), welche im folgenden Kapitel beschrieben und erklärt wird.

Wurzeln

Die **Fußwurzeln** dienen zur Verankerung des Weinstocks und sind oft 5 m, in Extremfällen sogar 10–20 m lang. Sie erschließen Nährstoffe und Wasser aus tieferen Bodenschichten und dienen als Reservestoffspeicher. Die Fußwurzeln sind am stärksten ausgebildet. **Seitenwurzeln** sitzen etwas höher seitlich am **Wurzelstamm**.

Tag- und Tauwurzeln liegen am flachsten, wenige Zentimeter unter der Erdoberfläche. Tauwurzeln sollte man nicht mit Edelreiswurzeln verwechseln. Wenn die Veredelungsstelle zu tief eingesetzt wurde, kann sich die Edelsorte selbst bewurzeln und der Weinstock dadurch reblausanfällig werden.

Grundsätzlich dienen alle Wurzeln der Verankerung, der Nährstoff- und Wasseraufnahme und der Reservestoffspeicherung. Insgesamt ist das Wurzelsystem des Weins sehr widerstandsfähig und hält extreme Formen von Feuchtigkeit, Trockenheit, Hitze und Kälte aus. Je älter ein Weinstock ist, desto verzweigter und länger wird sein Wurzelsystem. Wie sich die Wurzeln entwickeln, hängt von der Unterlage, aber im Wesentlichen von den Bodenverhältnissen und der Bodenpflege ab.

Die Rebe besitzt Langwurzeln, d.h. Wurzelverzweigungen erfolgen in größeren Abständen. Sie kann dadurch große Bodenflächen durchwurzeln, was ihre Eignung auch für schlechte Böden erklärt. Durchschnittlich werden horizontal verlaufende Wurzeln 4 m, einzelne auch 10–15 m lang. Das Wachstum der Rebwurzeln ist abhängig von der Bodentemperatur und der „inneren

Uhr". Es beginnt nahe der Bodenoberfläche und setzt sich mit zunehmenden Temperaturen in tiefere Schichten fort. Bei einer veredelten Weinrebe bildet die verwendete amerikanische Unterlagsrebe den Wurzelstamm (→ siehe dazu auch Seite 46).

Rebstamm

Der Rebstamm ist die Fortsetzung der Wurzel über der Erde und dient dem Halt der Rebe und dem Wasser-, Nährstoff- und Reservestoff-Transport. Im Stamminneren wird das Wasser mit den Nährstoffen von den Wurzeln nach oben zu den Blättern und von dort werden die Reservestoffe nach unten transportiert. Je älter ein Weinstock wird, desto mehr Rinde entwickelt er und desto mehr verholzt er.

Kordon, Schenkel, altes Holz

Der Kordon ist eine waagrechte Verlängerung des Rebstamms und dient zur Leitung und Speicherung von Nähr- und Reservestoffen. Der Schenkel ist eine kürzere Verzweigung der Rebstamms. Auf dem Kordon bzw. Schenkel befinden sich das zwei- und einjährige Holz. Je mehr altes Holz vorhanden ist, desto besser wird der Rebstock überwintern, und es stehen mehr Reservestoffe für Stresssituationen zur Verfügung.

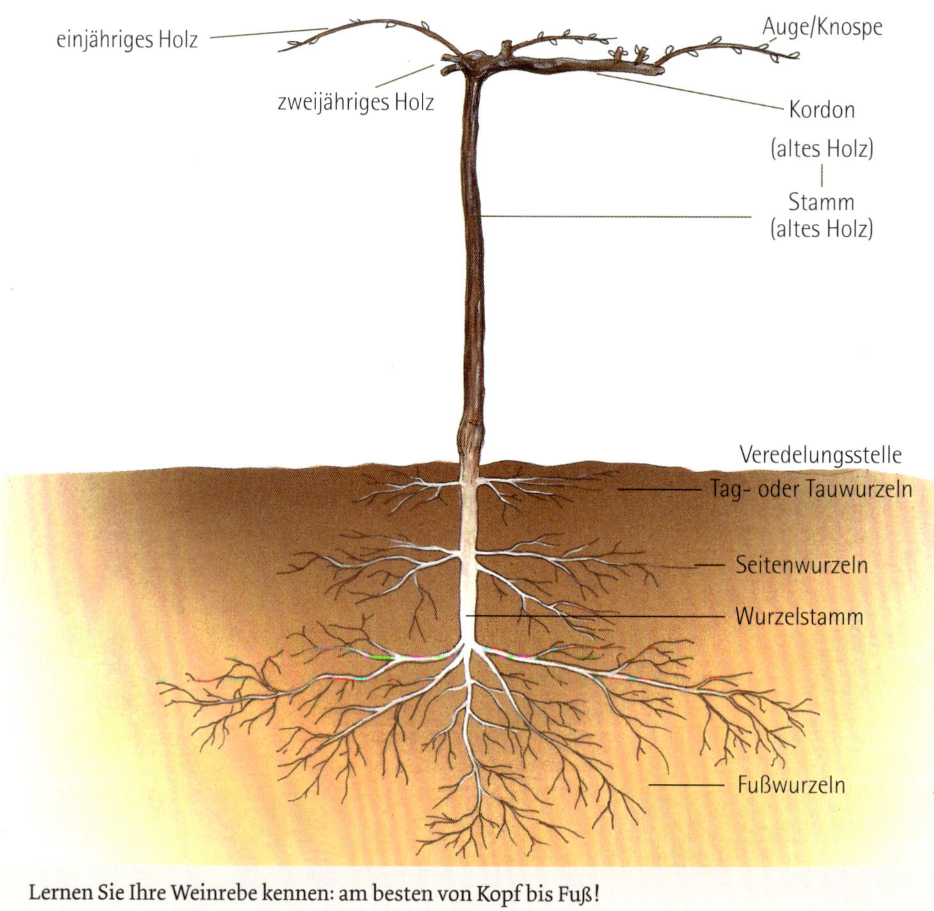

Lernen Sie Ihre Weinrebe kennen: am besten von Kopf bis Fuß!

Einjähriges Holz mit unterschiedlichen Internodien-Längen links und rechts.

Pflanzen verändern sich im Laufe der Jahreszeiten. Dürfen wir vorstellen: eine Knospe im Winter.

Zweijähriges Holz

Zweijähriges Holz ist die Brücke vom alten Holz zum fruchtbaren einjährigen Holz. Die Farbe ist etwas silbrig und das Holz etwas dicker als das des einjährigen Holzes. Beim herkömmlichen Rebschnitt wird dieses Holz eingekürzt.

Einjähriges Holz

Einjähriges Holz ist braun und zeigt deutlich sichtbare Knospen, aus denen im Frühjahr die Trauben tragenden Sommertriebe sprießen. Einjährige Triebe wachsen auf einem zweijährigen Trieb oder auf einem alten Holz. Triebe, die aus dem alten Holz wachsen, nennt man auch **Wasserschosse**, **Hirntriebe** oder Wasserreiser. Diese tragen kaum bis gar keine Trauben. Einjährige Triebe auf dem zweijährigen Holz dagegen sind sehr fruchtbar, diese werden beim Rebschnitt als Fruchtrute (→ ab Seite 65) verwendet. Auch für die Rebveredelung wird ein einjähriger Trieb als Grundlage verwendet.

Nodien, Knoten

Nodien oder Knoten sind Verdickungen am einjährigen Trieb, die im Sommer Blätter tragen. Auch die Knospen (Augen), Ranken, Trauben und Geiztriebe sind an diesen Knotenpunkten angeordnet.

Internodien

Internodien sind die Zwischenstücke von Knoten zu Knoten. Diese sind an der Triebbasis kürzer als im mittleren Bereich des Triebes. Die Internodienlängen sind von Rebsorte zu Rebsorte unterschiedlich.

Winterknospen

Am einjährigen Holz liegen die Winterknospen (Augen), die wechselständig angeordnet sind. Diese haben sich während der vergangenen Vegetationsperiode in den Blattachseln gebildet. Winterknospen sind die Grundlage für die Sommertriebe und den Austrieb im Frühjahr und dürfen im Winter nicht erfrieren.

In einer Knospe befinden sich neben der Haupttriebanlage auch Nebentriebanlagen, die bei Verletzungen des Haupttriebs austreiben können.

Sommertrieb

Ein Sommertrieb entsteht aus einer Winterknospe oder aus einer schlafenden Knospe (Wasserschoss). Aus der Knospe entwickeln sich Triebe mit Blättern, Ranken, Geiztrieben, Augen und Blütenanlagen. Jeder Sommertrieb kann bis zu 40 Laubblätter hervorbringen, die wechselseitig angeordnet sind.

Die Blätter

Die Blätter sind wichtige Ernährungsorgane der Weinrebe, in denen tagsüber die Photosynthese abläuft. Dabei werden mithilfe des Sonnenlichts wichtige Nährstoffe gebildet. An der Blattunterseite befinden sich die Spaltöffnungen, die dem Gasaustausch dienen. Ein guter und gesunder Laubwuchs ist wichtig und für die Ernährung der Trauben und des Weinstocks unerlässlich.

Einerseits dient die Laubwand als Sonnenschutz für die Trauben, andererseits sollte sie nicht zu dicht sein, um Pflanzenschutzmaßnahmen zu

Grüner Sommertrieb

Der Sommertrieb hat einiges zu bieten: Blätter, Ranken, Geiztriebe, Augen und Blütenanlagen.

Im Sommer strahlt die Weinrebe in sattem Grün.

Ohne Blatt keine Versorgung: Als wichtigstes Ernährungsorgan sorgt es mithilfe der Sonne für die nötige Energie.

Die Triebspitze mit einem noch jungen Geschein.

ermöglichen. Denn Pflanzenschutz beginnt bereits mit guter Laubarbeit!

Der Blattstiel ist beweglich und bringt das Blatt in eine optimale Stellung zum Licht. Die Blattspreite ist annähernd herzförmig und meist fünfteilig, aber es gibt auch drei- bis siebenlappige Blätter.

Eine Unterscheidbarkeit der Rebsorten anhand der Blätter ist möglich durch:

- die Größe und Form der Blattspreite.
- den Blattrand, der unterschiedlich stark gezähnt ist.
- die Form der Stielbucht.
- die Tiefe der Einbuchtung.
- die Beschaffenheit der Blattoberfläche.
- die Behaarung.
- die Anzahl und Stellung der Blattlappen.
- die Form des Stiels.

Triebspitzen

Die Triebspitzen sehen bei jeder Sorte anders aus und sind bei der Sortenbestimmung ein wichtiges Erkennungsmerkmal.

Kaum zu glauben: Aus diesem Geschein wird nach der Befruchtung die Traube.

Gescheine

Als Gescheine bezeichnet man den Blütenstand der Rebe, welcher nach Befruchtung der Rebblüte zur Traube wird. Die Sommertriebe bringen meist 2–3 Gescheine hervor, bei sehr fruchtbaren Sorten auch mehr.

Blüten

Die meisten europäischen Kulturreben besitzen eine Zwitterblüte. In jeder Blüte befinden sich die männlichen Staubgefäße und ein weiblicher Fruchtknoten, somit ist eine Selbstbefruchtung möglich. Je nach Witterung und Rebsorte erfolgt meistens im Juni die eher unscheinbare Blüte. Während dieser wird das Mützchen abgeworfen und die fünf Staubbeutel freigegeben. Dabei fällt der Blütenstaub oder Pollen auf die Narbe der gleichen Blüte und bewirkt die Selbstbefruchtung.

Hierbei kommt es auch zum Austrocknen oder Abfallen einzelner oder mehrerer Blüten ohne Befruchtung (das sogenannte Ausrieseln, Durchrieseln oder Verrieseln). Zu hohe oder zu tiefe Temperaturen, nasses Wetter, Nährstoffmangel oder Pilzerkrankungen können zu einem Ausfall führen. Manche Sorten sind aber verrieselungsanfälliger als andere. Ein guter Blütenverlauf ist wichtig für guten Ertrag.

Beginn der Rebblüte – klein und unscheinbar.

Ende der Rebblüte (abgehende Blüte).

Trauben, Frucht oder Beere

Die Frucht der Weinrebe ist eine Beere. Viele Beeren auf einem gemeinsamen rispenförmigen Stielgerüst bilden eine Traube. Durchschnittlich wachsen zwischen zwei und vier Trauben auf jedem Sommertrieb. Die Gestalt einer Traube ist meistens sehr sortentypisch, entweder walzenförmig, verzweigt, geschultert oder konisch.

Geiztriebe

Auf jedem grünen Sommertrieb entwickeln sich Geiztriebe. Diese entstehen erst während der Vegetationszeit in den Blattachseln der Triebe. Die Entwicklung der Geiztriebe ist stark abhängig von der Sorte, der Erziehungsart und auch der Wüchsigkeit des Stockes. Wenn der Sommertrieb zu früh eingekürzt wird, werden sich mehr Geiz-

Einige Monate später – das köstliche Ergebnis.

Dichtbeerige Traube.

Lockerbeerige Traube.

Was dem Mensch seine Hände und Füße, sind der Rebe ihre Weinranken: Greif- und Befestigungsorgane.

triebe entwickeln. Geiztriebe in der Traubenzone lassen sich leicht mit der Hand entfernen, damit die lockere Laubwandstruktur in der Traubenzone erhalten bleibt. Dies ist wichtig, um die Trauben gesund zu halten.

Perldrüsen

Perldrüsen entstehen zur Zeit des üppigen Triebwachstums und dienen zur Ausscheidung von überflüssigem Wasser. Diese sind 1–2 mm groß, kugelig und durchsichtig. Sie sind leicht zu verwechseln mit Nützlingseiern.

Ranken

Ranken sind die Greif- und Befestigungsorgane der Rebe, die sich vor allem in der Wachstumsphase entwickeln und mit kreisenden Bewegungen Halt suchen. Mit einer schraubenförmigen Drehbewegung werden Drähte umwickelt. Die Ranken halten die Triebe fest und schützen diese, gerade bei Wind, vor einem Abknicken.

Sonja: „Ich empfinde die Weinranken jedes Jahr aufs Neue als ein wahres Wunder und Kunstwerk der Natur.“

Arten & Sorten gibt es ohne Ende. Für angehende Weinbäuerinnen und Weinbauern besonders zu empfehlen: PIWI-Sorten.

Arten & Sorten – eine Einführung

Botanik

Der Weinstock ist eine Kletterpflanze und war ursprünglich in lichten Auenwäldern beheimatet. Seine Wurzeln sind gut im Boden verankert und seine Reben klettern an Bäumen hoch, um so an Licht zu kommen.

Botanisch gesehen gehört die Weinrebe zur Ordnung Vitales, Weinrebenartige, früher auch Rhamnales, den Kreuzdorngewächsen zugeordnet. Innerhalb dieser Gruppe gehört sie in die Familie der Rebengewächse (*Vitaceae*), zur Gattung Reben (*Vitis*) und der Art der Weinrebe (*Vitis vinifera*) mit den beiden Unterarten Wildrebe (*Vitis vinifera* ssp. *sylvestris*) und Kulturreben (*Vitis vinifera* ssp. *sativa*) an. Kulturreben unterscheiden sich durch die Form ihrer Blätter und der Weinbeeren. Die drei vegetativen Hauptorgane sind Wurzel, Spross oder Trieb und Blatt (→ siehe auch Seite 21).

Die Weinrebe selbst ist eine sehr alte und weitverbreitete Pflanze. Weltweit gibt es viele verschiedene Arten, die man grob in drei große Gruppen einteilen kann: nach ihrer amerikanischen, ihrer europäischen und ihrer asiatischen Herkunft.

Die **amerikanischen Herkünfte** mit Arten wie *Vitis riparia* (Uferrebe), *Vitis rupestris* (Felsenrebe), *Vitis labrusca* (Wildrebe) und *Vitis cinerea* (Graurinden-Rebe) haben große Bedeutung für Rebunterlagen und als Kreuzungs-Partner in der Resistenz-Züchtung (→ siehe auch 31).

Die **asiatischen Herkünfte** wie *Vitis amurensis* (Amur-Rebe) sind sehr frosthart und werden ebenfalls als Kreuzungs-Partner verwendet.

Bei den **europäischen Herkünften** unterscheidet man *Vitis vinifera sylvestris* (europäische Wildrebe) und *Vitis vinifera sativa* (europäische Edelrebe). Mehr als 99 % der weltweiten Weinerzeugung wird aus Sorten der europäischen Edelrebe gekeltert, wobei nur ein paar hundert Sorten davon tatsächlich Bedeutung haben.

Die europäischen Kulturreben besitzen eine sehr gute Trauben- bzw. Wein-Qualität und eine gute Fruchtbarkeit. Nachteilig wirkt sich aus, dass die Europäerreben gegen die im 19. Jahrhundert eingeschleppte Reblaus und andere Krankheiten (wie Echter- und Falscher Mehltau) sehr empfindlich sind. Der Anfälligkeit gegen die Reblaus wird heute durch die Veredelung auf eine resistente amerikanische Unterlage entgegengewirkt (→ siehe „Veredelung" Seite 46).

Es gibt auch Kreuzungen zwischen verschiedenen Arten. Für Unterlagsreben werden, wegen deren Reblaus-Toleranz, meistens verschiedene amerikanische Arten kombiniert, um eine Anpassung an unterschiedliche Boden- und Wuchstypen zu ermöglichen.

In der modernen Rebenzüchtung werden interspezifische Kreuzungen (Kreuzung verschiedener Arten) durchgeführt, um **pilzwiderstandsfähige Sorten (PIWI-Sorten)** mit europäischem Geschmacksbild zu erhalten.

Man kann die Sorten nach Reifezeitpunkt in früh-, mittel- und spät reifende Sorten einteilen.

Die Rebsorten werden unterschieden in Kelter- und Tafeltrauben. Unter **Tafeltrauben** versteht man Trauben, die zum Direktverzehr gedacht sind. Oft handelt es sich dabei um optisch besonders ansprechende, große Trauben mit mittelgroßen bis großen Beeren, die lockerbeerig, knackig beim Essen und manchmal samenlos oder kernarm sind. Meistens sind die Beeren goldgelb gefärbt, manchmal auch blau, selten rosarot. Das ansprechende Aussehen spielt bei Tafeltrauben die größte Rolle, aber auch die Lagerfähigkeit und der Geschmack. Die Trauben sollten saftig und aromatisch schmecken. Sehr viele Tafeltrauben sind frühreife Züchtungen, um den Traubenmarkt schon sehr früh bedienen zu können. Nähere Informationen gibt die Sortenübersicht auf → Seite 34.

Toni: „Die früh reifenden Sorten kommen auch in klimatisch ungünstigeren Gebieten gut zur Reife."

Sonja: „Wir haben uns erstmals wegen dieses Buchs Tafeltrauben im November gekauft. Leider war die Schale etwas hart und der Geschmack enttäuschend. Pflanzen Sie lieber selbst ein paar Weinstöcke zuhause an, um sich mit herrlichen Weintrauben zu versorgen."

Leider kann nicht jede Sorte alle geforderten Eigenschaften wie Lagerfähigkeit, Aussehen und Geschmack gleich gut erfüllen. Für den Eigenverbrauch spielt die Lagerfähigkeit eher eine untergeordnete Rolle, hier stehen der Geschmack und die Gesundheit im Vordergrund.

Unter **Keltertrauben** versteht man Trauben, die speziell für die Weinbereitung geeignet sind. Meistens sind die Trauben klein bis mittelgroß, mit kleinen bis mittelgroßen Beeren. Die Traubenform ist oft kompakt und die Beeren sitzen enger beisammen, wobei die Samenfreiheit keine Rolle spielt. Das Fruchtfleisch ist saftig, der Geschmack ist sehr gut. Die Aromen, der Zuckergehalt und die Inhaltsstoffe sind optimal für die Weinbereitung. Innerhalb der Keltertrauben unterscheidet man zwischen Weiß- und Rotweintrauben.

Prinzipiell kann man aus jeder Traubensorte Wein bereiten, wobei bei manchen Sorten vielleicht die Weine nicht so harmonisch sind. Manchmal kann eine Traube beide Kriterien erfüllen und sowohl als Tafeltraube als auch als Keltertraube genutzt werden.

Die einzelnen Merkmale von Rebsorten werden in der Rebsortenkunde, auch Ampelografie genannt (griechisch: ámpelos, „Weinstock"), beschrieben.

Hier ein Beispiel einer ampelografischen Beschreibung anhand einer typischen österreichischen Weinsorte:

Ampelografie ‚Grüner Veltliner'
Synonyme: Weißgipfler, Manhartsrebe. Natürliche Kreuzung der Sorte ‚Traminer' und einer unbekannten Sorte, vermutlich der ‚St. Georgstraube'.

Charakteristische Merkmale:
- Triebspitze stark weiß-wollig
- mittelstarker bis starker Wuchs
- Blatt mittelgroß, fünflappig, tief gebuchtet
- Trauben sehr groß, dichtbeerig, kegelförmig, geschultert, große Beeren mit mittelhohem Zuckergehalt

Reife:
- mittelspät

Ansprüche:
- frühe bis mittelfrühe Lagen, nicht für späte Lagen
- mittelschwere bis leichte, aber nicht zu trockene Böden mit geringer Wasserspeicherfähigkeit, für Lössböden sehr gut geeignet
- chloroseanfällig, wenn die Böden zu schwer oder kalkreich sind

Ertrag:
- regelmäßig und gut

Wein:
- würzig, spritzig, pfeffrig, angenehme Säure, ausgeprägtes Bukett, gut lagerbar

Schnitt:
- 4–6 Augen/m²

Vorteile:
- bei guter Standortgegebenheit und ertraglicher Begrenzung liefert die Sorte hervorragende Weine
- Augen sehr fruchtbar
- mittlere Winterfrost-Widerstandsfähigkeit

Nachteile:
- anfällig für Peronospora (Falscher Mehltau)
- leicht blüte-empfindlich (Regen und Kälte, aber auch Hitze und Trockenheit wirken sich negativ auf die Befruchtung der Blüten aus)
- empfindlich bei Trockenheit
- chloroseanfällig

Wein-Sortenspiegel Österreichs

Folgende Weißwein-Sorten sind für den österreichischen Weinbau wichtig: ‚Grüner Veltliner', ‚Welschriesling', ‚Rivaner', ‚Weißburgunder', ‚Riesling', ‚Frühroter Veltliner'.

Folgende Rotwein-Sorten sind für den österreichischen Weinbau wichtig: ‚Blauer Zweigelt', ‚Blaufränkisch', ‚Blauer Portugieser', ‚St. Laurent', ‚Blauer Burgunder'.

Aufgrund von sich ändernden Kaufverhalten und Trends unterliegt der Wein-Sortenspiegel einem langsamen, aber stetigen Wandel. So gab es früher Sorten wie ‚Brauner Veltliner', ‚Österreichweiß', ‚Gelbling', ‚Traminer' oder ‚Grauer Portugieser'.

Grüner Veltliner: Ernte gut, alles gut!

Auspflanzrecht

Seit 1. Januar 2016 gilt in der EU ein einheitliches Genehmigungssystem für Rebpflanzungen. Demnach ist die Anlage eines Weingartens genehmigungspflichtig, man muss sie bei katasterführenden Stellen beantragen. Ebenso gilt dies für eine Wiederbepflanzung nach Rodung. In Österreich muss der auszupflanzende Weingarten zusätzlich alle bisherigen landesweinbau-gesetzlichen Vorschriften erfüllen, wie den Anbau in einer gesetzlich festgelegten Flur sowie die Verwendung von zugelassenen Sorten.

Jene Sorten, die für die Erzeugung von Land- und Qualitätswein verwendet werden dürfen, sind im österreichischen Weinbaugesetz per Qualitätsrebsorten-Verordnung verankert. Außerdem ist in den Landesgesetzen geregelt, ab welchem Umfang die Auspflanzungen genehmigungspflichtig sind. Die Neuauspflanzung von Weingärten ist beschränkt und bedarf einer Genehmigung. Deswegen ist es wichtig, sich vorab über die gesetzlichen Bestimmungen für das jeweilige Bundesland zu informieren.

In Niederösterreich beispielsweise ist für Privatpersonen das geringfügige Auspflanzen unter 500 m² zur Selbstversorgung nicht bewilligungspflichtig (NÖ Rebsortenverordnung, Stand: 11.12.2017).

Entstehung neuer Sorten

Rebzüchtung

Ständig kommen neue Sorten auf den Markt, die meist durch Züchtung entstehen. Das Hauptaugenmerk liegt heute auf Widerstandsfähigkeit gegen Pilzkrankheiten sowie auf Qualitäts- und Ertragssicherheit. In der Nachkriegszeit wurden noch andere Züchtungsziele verfolgt, wie z.B. Ertrag oder farbkräftige Rotwein-Sorten. Von vielen neu gezüchteten Sorten können sich aber nur wenige etablieren oder überhaupt marktfähig werden.

Natürliche Kreuzung

Neben der gezielten Rebzüchtung sind Rebsorten auch durch natürliche Kreuzungen in freier Wildbahn entstanden. Einige unserer heute bedeutendsten Rebsorten wie z.B. ‚Traminer', ‚Grüner Veltliner', ‚Chardonnay', ‚Silvaner' oder ‚Rheinriesling' sind das Ergebnis natürlicher Kreuzung.

Mutation

Neben natürlichen Kreuzungen spielt auch Mutation bei der Entstehung neuer Sorten eine Rolle. Unter Mutation versteht man eine plötzliche und sprunghafte Veränderung des Erbgutes. Als Beispiel entstanden vermutlich die Sorten ‚Weißburgunder' (Pinot blanc) und ‚Grauer Burgunder' (Ruländer oder Pinot gris) durch Mutation aus der Sorte ‚Blauer Burgunder' (Pinot noir).

Klone

Innerhalb einer Sorte gibt es auch eine gewisse Variationsbreite. Durch Selektionieren oder Auswählen bestimmter Merkmale kann man mehrere Varianten oder Typen einer Sorte erzielen. Wird eine so selektionierte Pflanze vegetativ (durch Veredelung und nicht über Samen) weitervermehrt, bezeichnet man alle Nachkommen, die auf diese eine Mutterpflanze zurückgehen, als Klone. Aufgrund der vegetativen Vermehrung kommt es zu keiner Änderung des Erbgutes, im Gegensatz zur generativen Vermehrung über Samen. Meistens werden die Klone mit Nummern oder Buchstaben gekennzeichnet. Für die Auswahl eines Klons einer bestimmten Weinsorte kann man sich gut bei einer Rebschule informieren (→ siehe Seite 156).

Pilzwiderstandsfähige Sorten (PIWI-Sorten)

In diesem Buch liegt der Schwerpunkt besonders auf biologischem Weinbau in flächenmäßig kleinerem Umfang. Deswegen beschränken wir uns bei unserer Sortenauswahl auf pilzwiderstandsfähige (PIWI-) Sorten.

Warum PIWI-Sorten?

PIWI-Sorten sind deswegen für den Liebhaber-Anbau gut geeignet, weil sie mit wenig oder ohne Pflanzenschutzmaßnahmen auskommen. PIWI-Sorten haben keine absolute Resistenz, nur eine gute Widerstandsfähigkeit gegen Echten und Falschen Mehltau. Die Ausprägung davon ist sortenabhängig.

Möchte man klassische Rebsorten auspflanzen, muss man sich eingehend mit dem Thema biologischer Pflanzenschutz auseinandersetzen, um Erfolg zu haben. Klassische Rebsorten bedeuten auf jeden Fall einen höheren Aufwand und mehr Risiko.

In kühleren und raueren Lagen wird man eine frühreifere Sorte wählen und den Weinstock an einen geschützten Standort (z.B. an der überdachten Hauswand) pflanzen.

Wenn genug Platz vorhanden ist, können auch verschiedene Traubensorten gewählt werden, um das Erntefenster zu verlängern. Gleichzeitig wird eine Risikostreuung erzielt, da die Witterungsbedingungen von Jahr zu Jahr sehr unterschiedlich sein können und die Sorten unterschiedlich reagieren.

Toni: „Freunde aus Tirol und Vorarlberg berichten uns immer von erfolgreichen Ernten, selbst in ungünstigeren Lagen. Dabei ist die Sortenauswahl das A und O! Besonders in Regionen mit kalten Wintern sollte zusätzlich die Winterfrostfestigkeit beachtet werden."

Weinstöcke sind vielfältig in ihrer Verwendung – es muss nicht eine klassische Rebzeile in Spalier-Erziehung wie beim Winzer sein. Rebstöcke können auch als Einzelstöcke, in kleinen Gruppen im Hausgarten, als Schattenspender für die Terrasse, als Dekoration der Hauswand, als Naschhecke für Groß und Klein oder als Sichtschutz an einem Zaun dienen – der Phantasie sind keine Grenzen gesetzt. Oder denken Sie an eine kleinere bis größere Anlage zur Selbstversorgung mit Tafeltrauben, Traubensaft, Federweißer (Sturm) und Wein?

Die Auswahl der Sorten war sehr schwierig für uns, gerade weil es eine große Anzahl von Sorten gibt. Der Geschmack war für uns das wichtigste Kriterium, weniger die Größe der Trauben oder Beeren. Wir besitzen selbst einige Weinstöcke von verschiedenen PIWI-Tafeltrauben-Sorten und sind von ihnen begeistert. Manche Sorten konnten wir auch bei Freunden und Bekannten verkosten. Die angeführte Sortenübersicht ist keine generelle Empfehlung, sondern nur eine kleine Auswahl. Bitte informieren Sie sich selbst, ob die eine oder andere Sorte zu Ihrem Standort und (Klein-)Klima passt. Entsprechende weiterführende Informationen erhält man bei den Züchtern und den Rebschulen. Einige Bezugsquellen finden Sie auf → Seite 156.

Der Weingarten ist ein vielfältiger Lebensraum für viele Pflanzen und Tiere (→ siehe Seite 99).

Kosten ist angesagt: Die Weinbäuerin oder der Weinbauer muss schließlich wissen, wie die eigenen Beeren schmecken.

Sortenübersicht

Ausgewählte Rebsorten für den Bio-Hausgarten. Die Auswahl fiel gar nicht so leicht. Es gibt zahlreiche Sorten, die ausgezeichete Eigenschaften haben, aber hier keinen Platz finden.

Reifezeitpunkte: früh-mittel-spät

Kriterien, nach denen wir uns gerichtet haben:

- Anbau nach biologischen Richtlinien gut möglich, deswegen alles PIWI-Sorten
- Geschmack
- Optik zwar wichtig, aber zweitrangig (Wir haben oft erlebt, dass es sehr gut aussehende Sorten gibt, die aber nicht gut schmecken.)
- Reifezeitpunkte
- Frosthärte

Bei den gekauften Weintrauben haben wir bemerkt, dass die Beerengröße sehr groß ist, aber dann sind oft auch die Kerne groß und fast störend.
Es gibt viele Weintrauben mit kleiner bis mittlerer Beerengröße, deren Kerne klein sind und die einen ausgezeichneten Geschmack haben.

Sorte / Synonym	Verwendung	Beerenfarbe	Traubengröße	Beerengröße	Reife	Geschmack	Besonderheiten
Aron	Tafeltraube	honiggelb	sehr groß	groß	mittel	knackig, wohlschmeckend	wenige Kerne, liebt einen sonnigen und geschützten Standort
Birstaler Muskat	Tafeltraube	gelbgrün	mittel, lockerbeerig	mittel	früh	sehr süß, feiner Muskatgeschmack	langes Erntefenster, lockerbeerig, sehr pilzfest
Blütenmuskateller	Tafel-/Keltertraube	gelb	groß , lockerbeerig	klein	mittel	starkes Muskataroma	liefert volle und üppige Weine, auch für die Süßweinerzeugung, benötigt gute Lagen, zumindest mittelgründig
Cabernet cortis	Keltertraube	blau	groß, lockerbeerig	mittelgroß	mittel	guter Geschmack, auch beim Wein	mittlere Erträge, hohe Zuckergradation, gute Säurewerte; Weine sehr farbintensiv und extraktreich.
Cristal / Kristal / Kristaly	Tafel-/Keltertraube	honiggelb	mittelgroß	mittelgroß	mittel	sehr guter Geschmack, süß	guter Ertrag, widerstandsfähig
Donauveltliner	Keltertraube	grüngelb	mittelgroß, lockerbeerig	mittelgroß	mittel	süß säuerlich	robust & gesund, weniger für trockene Standorte, verrieselt leicht
Donauriesling	Keltertraube	gelblich	mittelgroß	klein	mittel	gut	robust & gesund, frosthart, verträgt Trockenheit
Evita	Tafeltraube	goldgelb	mittelgroß, kompakt	mittelgroß, rund	mittel	knackig, angenehme Muskatnote	kernarm, formschön, gesunde Sorte für alle Standorte

Sorte / Synonym	Verwendung	Beerenfarbe	Traubengröße	Beerengröße	Reife	Geschmack	Besonderheiten
Fanny	Tafeltraube	gelb	groß	groß, oval	mittel	knackig, leicht fruchtig, gut	Ausdünnung nötig bei hohem Behang, sonst fader Geschmack
Franziska	Tafeltraube	gelbgrün	sehr groß, bis zu 1.500 g	groß, länglich	mittel	angenehm fruchtig, mild	mittlere Lageansprüche, Erntedauer: 14 Tage, Ausdünnen und Lockerung nötig
Johanniter	Keltertraube	blau	mittelgroß	mittelgroß, dichtbeerig	mittel	feinfruchtig	gut für die Weingewinnung (rieslingähnlich) oder für die Saftgewinnung, ertragreich, Ausdünnung nötig
Königliche Esther	Tafeltraube	blau	groß	mittelgroß, elliptisch	früh	knackig, mild fruchtig, süß	wenige, kleine Kerne, schöne rote Herbstbelaubung, auch für raues Klima, kurzes Erntefenster.
Lidi	Tafeltraube	rosa	mittelgroß	mittelgroß, oval	mittel	fein und süß schmeckend	Ertrag mittel bis groß, rotes Laub im Herbst
Lilla	Tafeltraube	gelb	groß, lockerbeerig	groß, oval	früh	knackig, fruchtig, süß	Ertrag hoch, gute Ausreife
Mitschurinski	Tafeltraube	blau	mittelgroß	mittelgroß	früh	mild, fruchtig, süß	besonders frosthart, auch für klimatisch ungünstige Regionen, schöne Herbstfärbung
Muscaris	Tafel-/Keltertraube	grüngelb	mittelgroß	mittelgroß	mittel	angenehmes Muskataroma	sehr wüchsig, besitzt eine angenehme Säure, deswegen auch gut für Weinbereitung und Sekterzeugung
Muskat bleu	Tafeltraube	blau	mittelgroß, lockerbeerig	mittelgroß, oval	mittel	knackig, angenehm würziger Muskatton und ausgeglichenes Frucht-Säure Verhältnis.	langes Erntefenster; Windgeschützter Standort nötig, um sicher durchzublühen, ansonsten Verrieselung. Auch gut für Saftherstellung.
Nero	Tafel-/Keltertraube	dunkelblau	mittelgroß, dekorativ	mittelgroß, oval	früh	knackig, sehr schmackhaft.	robust, gesund, frosthart, Ertrag hoch, gute Ausreife, auch für Traubensaft geeignet

Sorte / Synonym	Ver-wen-dung	Bee-ren-farbe	Trauben-größe	Beeren-größe	Reife	Geschmack	Besonderheiten
New York / Lakemont	Tafel-traube	gelb	groß	klein	mittel	feinfruchtig	kernlos, dünnschalig und sehr beliebt, Stiellähme möglich
Palatina / Syn.: Prim	Tafel-traube	gold-gelb	groß	oval, lockerbee-rig	früh	knackig mit feinem Muskatton	bevorzugt luftigen Standort, gute Ausreife
Pinotin	Tafel-/ Kelter-traube	blau	mittel-groß, locker-beerig	mittelgroß	mittel	guter Geschmack, v.a. beim Wein	gut frosthart, gut für die Weinbereitung, rubinrot, ähnlich Blauburgunder oder Pinot noir
Pölöske Muskotaly / Poloskei Muskat	Tafel-traube	gelb	mittelgroß	mittel-groß, lockerbee-rig	früh	angenehmes Muskataroma	gute Lagerfähigkeit, Frosthärte bis -18 °C, reichtragend
Regent	Tafel-/ Kelter-traube	blau	mittelgroß	mittel-groß, lockerbee-rig	mittel	gut, feinsüß	auf gute Durchlüf-tung achten, mag warme Lagen, schö-nes Herbstlaub
Romulus	Tafel-traube	gelb	groß	klein	mittel	harmonisch, süß	kernlos, Beerenstiel-chen bleibt leicht an der Beere
Solaris	Tafel-/ Kelter-traube	gelb-grün	mittelgroß	mittelgroß	früh	guter Geschmack	blüht sehr früh, ist aber blühfest, fruch-tig, duftige Weine
Sophie	Tafel-traube	gelb	groß, lang, wenig geschul-tert	mittel-groß, oval	mittel	fruchtig, süß, neutral	robust & gesund, frosthart, sehr formschön
Vanessa	Tafel-traube	rosé	mittelgroß	kleinbee-rig	früh	knackig, angenehm, fruchtiges Aroma, süß.	kernlos, anfällig für Verrieseln, etwas zähe Beerenhaut

‚Aron' weiß

‚Birstaler Muskat'

Blütenmuskateller

‚Cristall'

Donauriesling

Donauveltliner

‚Evita'

‚Fanny'

‚Franziska' weiß

‚Johanniter‘

‚Köngliche Esther‘

‚Lidi‘ rosa

‚Lila‘

‚Mitschurinsky‘ blau

‚Muskat bleu‘

‚Nero‘

‚New York‘ / ‚Lakemont‘

‚Palatina‘

‚Pölöske(i) Muskotaly' ‚Romulus' ‚Solaris'

‚Sophie' ‚Vanessa'

Uhudler

Auch Direktträger, Ertragshybriden oder Indianerrebe genannt, weitere umgangssprachliche Bezeichnungen sind „Heckenklescher" oder „Rabiatperle".

Der Reblausbefall erreichte Österreich um 1872 und breitete sich in den folgenden Jahrzehnten auf ganz Österreich aus. Dabei wurden die einheimischen Reben fast gänzlich vernichtet. Amerikanische Weinreben sind aufgrund ihrer Evolution mit dem Schädling reblaustolerant. Durch Kreuzung von Europäerreben (*Vitis vinifera*) mit amerikanischen Reben (*Vitis labrusca* und *Vitis riparia*) wurden neue resistente Sorten geschaffen.

Aufgrund des amerikanischen Elternteils unterscheiden sie sich deutlich im Geschmack von den bis dahin gebräuchlichen reinen Europäer-Sorten. Die meisten Kreuzungen waren blaue Sorten, aber es gibt auch Weißwein-Sorten. Uhudler besitzen einen höheren Pektingehalt, sind dadurch etwas fleischiger, und die Aromatik erinnert an Erdbeeren oder Himbeeren. Dies wirkt sich auch auf den daraus gekelterten Wein aus. Die Uhudler-Weine sind meistens hellere Rot- oder Roséweine und besitzen einen etwas eigenwilligeren Geschmack namens Fox-Ton. Der Begriff Fox-Ton kommt daher, weil der Geschmack und der Geruch des Uhudlers an einen nassen Fuchspelz erinnern soll. Die Intensität dieses Fox-Tons ist sortenabhängig.

Uhudler-Sorten sind vor allem deswegen beliebt, weil sie reblaustolerant, sehr wüchsig und robust gegen Pilzkrankheiten und Winterfrost sind. Gerade deswegen finden sich viele Direktträger-Sorten als alte Weinstöcke an geschützten Hauswänden auch außerhalb der klassischen Weinbaugebiete. Teilweise sind diese Hausreben 50 Jahre oder älter und kommen ganz ohne Pflege aus.

In manchen Regionen Österreichs wie in der Steiermark und im Burgenland haben sich einige dieser Direktträger-Sorten für den Hausgebrauch bis heute gehalten. Im Südburgenland bezeichnet man die Direktträger als Uhudler. Dieser geschützte Markenname darf heute nur in bestimmten Gemeinden verwendet und der Wein so vermarktet werden. Momentan umfasst der Anbau im Burgenland rund 70 Hektar. Folgende ausgewählte Sorten dürfen momentan für den Uhudler verwendet werden (dürfen also Uhudler genannt werden): ‚Noah', ‚Isabella', ‚Othello', ‚Concord' und ‚Delaware'.

Der Name Uhudler entstand um ca. 1950. Es gibt viele Versionen über die Namensentstehung, eine davon lautet: Angeblich soll ein Mann, der die ganze Nacht durchgezecht hatte, am nächsten Morgen zu seiner Frau gekommen sein, und diese soll mit großer Verwunderung – nicht ohne ihn ordentlich zurechtzuweisen – gesagt haben: „Du schaust ja aus wie ein Uhu!" Zu hoher Konsum dieses Weins soll der Legende nach zu starken Augenringen führen und das anschließende Erscheinungsbild dem eines Uhus ähneln.

Lange Zeit hatte der Uhudler-Wein ein recht schlechtes Image aufgrund seines eigenen Geschmacks und eines erhöhten Methanolgehalts, der angeblich zu Erblindung führen würde. Das verantwortliche Gutachten stellte sich aber als unrichtig heraus, da der Methanolgehalt nur minimal höher ist als in anderen Weinen.

Nicht nur in Österreich, sondern auch in anderen europäischen Ländern sind Direktträger noch erhalten. In Italien spricht man vom „fragolino" (übersetzt: kleine Erdbeere), in Frankreich von den „fruits oubliés" und in Ungarn von „Othello". In der Europäischen Union ist der österreichische Uhudler der einzige Direktträger-Wein, der offiziell vermarktet werden darf. Im Laufe der Zeit entwickelte er sich in Österreich vom verbotenen Wein und einem regionalen Geheimtipp zum Kultgetränk.

Aus den Direktträger-Trauben lässt sich nicht nur Wein herstellen, sondern auch Traubensaft, Frizzante, Essig, Marmelade und anderes mehr. Heute gibt es eine Vielzahl an modernen Züchtungen aus Mehrfachkreuzungen, die größtenteils dem Geschmacksbild der europäischen Rebsorten entsprechen und trotzdem eine gute Pilzwiderstandsfähigkeit besitzen (PIWI-Sorten).

Uhudler ist nicht gleich Uhudler. Oft werden alle Uhudler-Sorten auch als „Isabella" bezeichnet, wobei es jedoch unterschiedliche Sorten gibt. Hier nur einige Beispiele von Sorten dieser Gruppe:

‚Isabella'

- Tafel- und Keltertraube
- große Trauben
- ovale, blaue, mittelgroße Beeren
- dickschalig
- reift Anfang Oktober

‚Early Campbell'

- Tafeltraube
- große, lockere Trauben
- große bis sehr große, blaue Beeren
- etwas dickschalig
- reift Anfang September

‚Concord'/‚Ripatella'

- sehr bekannte Tafel- und Keltertraube
- große Trauben

Die großen, blauen Beeren der Sorte 'Early Campell' lassen den Geschmack der Sommersonne erahnen.

Die gelben Beeren der Sorte 'Elvira' Uhudler warten darauf, geerntet zu werden.

- große bis mittelgroße Beeren
- dickschalig, gut geeignet für Saft
- reift Mitte September

2016 wurde durch eine DNA-Analyse festgestellt, dass die bis dahin als eigenständig geltende Sorte ‚Ripatella' identisch mit der Sorte ‚Concord' ist.

‚Elvira'

- Keltertraube
- kleine, sehr kompakte Trauben
- mittelgroße, ovale, gelbe Beeren
- dickschalig
- reift Mitte September

‚Noah'

- Keltertraube
- mittelgroße Trauben
- mittelgroße, grün-gelbe Beeren
- dickschalig
- reift Mitte September

Zierreben

Manche Weinreben-Arten tragen keine (oder nur wenige, kleine) Früchte und können gut für die Begrünung von Wänden, Fassaden oder als Sichtschutz genutzt werden. Überall dort, wo auf Traubenertrag kein Wert gelegt wird, wie z.B. an stark befahrenen Straßen oder wo die Ernte aus verschiedenen Gründen nicht möglich ist, sind solche Reben gut einzusetzen. Zudem gibt es auch keine Probleme mit Wespen oder Vögeln. Die verschiedenen Arten und Sorten sind besonders robust, einige auch sehr kältetolerant, und viele haben ein sehr attraktives Laub im Herbst.

Wecken Sie die Winzerin und den Winzer in Ihnen!

Nichts wie ran an die Praxis! Auf den folgenden Seiten gibt es viel zu lernen: Von den theoretischen Grundlagen (Ja, die braucht's für die Anwendung) über den Rebschnitt bis hin zum Einpflanzen von Rebstöcken im Topf. Wir wünschen viel Vergnügen!

Weinbau klappt nicht nur auf einem riesigen Weingut – auch im kleinen Gemüsegarten, auf der Terrasse oder am Balkon lässt sich Wein anpflanzen.

Weinbau – Theoretische Grundlagen

Klima, Standort, Boden

Klima

Die Auswahl des Standortes für die Bepflanzung mit Wein hängt grundsätzlich von den klimatischen Bedingungen ab. Die Weinrebe fühlt sich im gemäßigt warmen Klima wohl, folgende Mindestanforderungen sind nötig:

- eine Jahresdurchschnittstemperatur von 8,5 °C (wobei auch der Temperaturverlauf eine wichtige Rolle spielt)
- eine jährliche Sonnenscheindauer von mindestens 1.300 Sonnenstunden
- mindestens 400 mm Niederschlag (in Abhängigkeit von der Speicherkapazität des Bodens und der Niederschlagsverteilung bzw. Bewässerungsmöglichkeit bei weniger Niederschlag)
- nicht zu kalte Winter, nur ausnahmsweise unter -20 °C
- während der Blüte im Juni nicht zu kalt (unter 10 °C) aber auch nicht zu heiß, ideal sind Temperaturen zwischen 15 °C und 25 °C
- keine Spätfröste nach dem Austrieb der Weinrebe und zur Reifezeit nicht zu feucht
- leichter Wind für die Abtrocknung des Laubs nach Regen (starker Wind führt zum Abbrechen von Trieben und zu Traubenverlust)

Aufgrund der momentanen wärmeren Klimaperiode ist der Weinbau auch außerhalb traditioneller Anbaugebiete möglich. Mit der Wahl einer frühreiferen Rebsorte kann man auch in späteren Lagen reife Trauben ernten.

Toni: „Wir fanden in Österreich Wein, wo wir es nie für möglich gehalten hätten. Zum Beispiel uralte Weinstöcke an einer südseitigen Hausfassade in Vorarlberg auf über 800 m Seehöhe."

Standort

Die Lage wird charakterisiert durch die Seehöhe, die Ausrichtung (Himmelsrichtung) bzw. die Hangneigung.

- Südlagen sind generell bevorzugt, v.a. in raueren Gebieten.
- In wärmeren Gebieten können es auch ebene Lagen sowie West- und Osthänge sein.
- Nordlagen sind eher ungeeignet.
- Stau- und Senklagen sind aufgrund der Spätfrost- und Winterfrostgefahr nicht zu empfehlen.
- Große Wasserflächen (Seen und Flüsse) in der Nähe wirken auf die klimatischen Bedingungen ausgleichend. Dies führt zu milderen Temperaturen und eventuell zu mehr Nebel im Herbst.

Der Begriff **Terroir** umfasst eigentlich biologische (wie Sorte, Unterlage, Alter) und menschliche Faktoren (Philosophie, Tradition, Geschichte). Gemeint ist häufig jedoch eine Unterscheidung von verschiedenen Weinbergslagen oder Rieden, die sich aus Klima, Boden (Bodenart und Wasserhaushalt) sowie Topographie (Höhe, Neigung und Exposition) zusammensetzt.

Boden

Grundsätzlich sind die Bodenansprüche der Weinrebe eher gering, da sie sehr anpassungsfähig ist. Bevorzugt werden eher lockere, gut durchlüftete und humose Böden. In trockenen Gebieten sind Böden mit ausreichender Wasserspeicherfähigkeit von Vorteil. Kalte, saure und staunasse Böden sind ungeeignet.

In einem kargen Boden kann man durch die Wahl einer stärker wachsenden Unterlage (→ siehe auch Seite 46) die Wüchsigkeit und Nährstoffaufnahme des Weinstocks positiv beeinflussen. In Böden mit sehr hohem Kalkgehalt muss eine kalkverträgliche Unterlage ausgewählt werden. In einem sehr nährstoffreichen und wüchsigen Boden kann eine schwächer wachsende Unterlage die Reife etwas verfrühen und das Wachstum bremsen.

Toni: „Gibt es in Ihrer Region Weinbau, dann fragen Sie einen Winzer in Ihrer Nähe nach seinen Erfahrungen. Er kennt die regionalen Besonderheiten seit vielen Jahren."

Rebvermehrung

Der Weinstock vermehrt sich von Natur aus mittels Samen. Bei dieser generativen Vermehrung kommt es zu einer Kombination der Erbinformation beider Elternteile, wodurch eine neue Sorte entsteht, deren Eigenschaften nicht identisch mit dem Ausgangsmaterial sind. Diese geschlechtliche Vermehrung ist bei der Züchtung neuer Sorten (Kreuzungszüchtung) wichtig.

Um in der Vermehrung die gleichen Eigenschaften einer Mutterpflanze weiterzugeben, muss diese ungeschlechtlich (vegetativ) erfolgen. Dies kann durch Ableger, Stecklinge oder Veredelung erfolgen. Aufgrund der Reblaus-Einschleppung ist heute die Veredelung in der Praxis die einzig verwendete Methode.

Ableger – Rebvermehrung früher

Bei dieser Methode wird ein langer einjähriger Trieb in eine kleine Mulde zu Boden gesenkt und teilweise mit Erde bedeckt. Die Triebspitze muss aus der Erde herausragen, und der Mittelteil des Triebes wird sich durch den Erdkontakt bewurzeln. Bei Trockenheit etwas angießen! Nach Vegetationsabschluss (Laubabfall) kann der bewurzelte Trieb von der Mutterpflanze abgetrennt werden.

Gebündelte Edelreisruten, die im Winter geschnitten wurden.

Ran an die Veredelung: Mit dieser Maschine werden Edelreiser und Unterlagsreben verbunden.

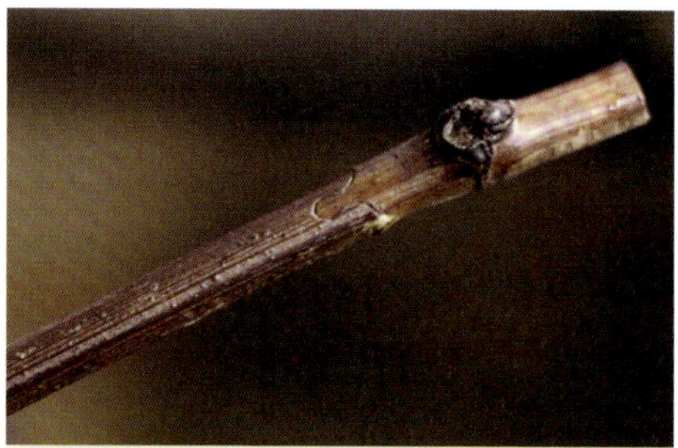
Edelreis mit Omegaschnitt auf Unterlagsrebe veredelt.

Dadurch erhält man eine mit der Mutterpflanze genetisch identische, neue Pflanze.

Diese Vermehrungsmethode kann im Hausgarten ganz leicht bei Beerenobstsorten wie Brombeeren oder Johannisbeeren (Ribiseln) selbst angewandt werden.

Steckhölzer, wurzelechte Reben – Rebvermehrung früher

Ein 3–4 Knoten langes Rebstück eines einjährigen Rebholzes wird abgeschnitten, in den Boden gesteckt und gut bewässert. Dadurch bewurzelt sich das Holz in der Erde und kann im darauffolgenden Jahr umgepflanzt werden.

Sonja: „Die Vermehrung von z.B. Holunder kann so ganz leicht selbst durchgeführt werden. Die Pflanzen wachsen rasch heran und die Erfolgsquote ist hoch."

Rebveredelung – Rebvermehrung heute

Aufgrund der Reblaus-Problematik – die nach wie vor aktuell ist – sollte der Weinstock veredelt werden. Dies wurde früher händisch mit dem Veredelungsmesser durchgeführt. Heute wird in den Rebschulen mit Veredelungsmaschinen gearbeitet.

Bei der Rebveredelung wird ein Stück einjähriges Holz einer Edelsorte (Edelreiser, → siehe Seite 159) mit einem Stück einjährigem Holz einer Unterlagsrebe verbunden. Unter Unterlage versteht man den wurzelbildenden Teil einer Rebpflanze, der reblausresistent ist, da wurzelechte Pflanzen bei Reblausbefall absterben würden.

Zum Schutz vor Austrocknung werden die veredelten Reben kurz in erhitztes Paraffin (Veredelungswachs) getaucht. Die reblausresistente Unterlagsrebe bildet später die Wurzeln des zukünftigen Rebstocks. Die Edelsorte entwickelt sich aus der einen Knospe des Edelreises. Beim anschließenden Vortreiben verwachsen Unterlage und Edelreis miteinander. Dies geschieht bei hoher Luftfeuchtigkeit und Wärme meist in Glashäusern.

Vortreibkiste im Glashaus: Hier verwachsen Edelsorte und Unterlage miteinander.

Dazu werden die Reben mit feuchten Sägespänen in Vortriebkisten gepackt.

Nach einem Vortreiben von ca. 1–2 Wochen werden die Veredelungen für das Freiland abgehärtet und nochmals in Paraffinwachs getaucht. Danach werden die Reben in die Rebschule gesteckt und gut bewässert, wodurch eine Bewurzelung erfolgt. Bis zum Herbst bleiben die jungen sogenannten „Schüler" dann dort. Nach dem Blattfall werden sie ausgeschult (ausgegraben), sortiert, gebündelt und für den Verkauf im Frühjahr kühl gelagert.

Vor der Pflanzung wird der junge Trieb auf eine Knospe zurückgeschnitten, nochmals paraffiniert und die Wurzeln etwas eingekürzt. Diese Wachsschicht schützt vor Austrocknung und darf nicht entfernt werden, da der junge Trieb durch diese Schicht von alleine durchwächst.

Die **Edelreiser** für die Veredelung werden, wie die Unterlagsreben auch, in der Winterruhe geschnitten. Meist im Dezember noch vor starken

In der Rebschule wohnen die kleinen Pflänzchen, bis sie groß genug sind, um in ihre eigenen Gärten zu ziehen.

Winterfrostereignissen, damit es nicht zu Schäden im einjährigen Holz und an den Augen kommen kann.

Vor dem Veredeln werden die Edelreiser und die Unterlagen gewässert und danach zugeschnitten. Dabei werden die Edelreiser auf Stücke mit einer Knospe und die Unterlagen auf 30–35 cm zurückgeschnitten. Die Knospen der Unterlagen werden entfernt, da diese keine Triebe bilden sollen, sondern nur die Wurzeln. Die Unterlagen dienen

- der Reblaus-Resistenz (vordergründig).
- der Anpassung an unterschiedliche Bodenverhältnisse, besonders an den Kalkgehalt.
- der Beeinflussung der Wuchsstärke.

Sonja: „Vergleichbar ist das mit einem Obstbaum, dem man mit der Unterlage vorgibt, ob er ein Buschbaum oder ein Hochstamm werden soll. Auf die Unterlage wird die Wunschsorte veredelt."

Die Unterlagen sind größtenteils mit einer Buchstaben-Zahlenkombination gekennzeichnet, wie z.B. ‚5BB' = ‚Kober 5BB'
‚Kober 125 AA'
‚Geisenheim 5C'
‚Selektion Oppenheim Nr. 4' (SO 4)

Manche Unterlagen sind auch nur mit Namen bezeichnet: ‚Börner', ‚Binova' oder ‚Fercal'.

Wichtig ist bei Böden mit hohem Kalkgehalt, dass auch kalkverträgliche Unterlagen verwendet werden wie z.B. ‚41B'. Bei sehr kargen und trockenen Standorten empfiehlt sich eine stärker wachsende Unterlage wie z.B. ‚5BB'.

Wenden Sie sich am besten an eine Rebschule, die oft eine große Auswahl an Rebsorten-Unterlagen-Kombinationen anbieten. Lassen Sie sich beraten, besonders in Bezug auf die Wahl der Unterlage. Wenn man eine spezielle Kombination von Unterlage und Edelsorte haben möchte, dann brauchen die Rebschulen mindestens ein Jahr Vorlaufzeit für die Produktion. Ein weiterer Vorteil der Rebschulen: Wenn man dort Rebmaterial kauft, so braucht man sich nicht um einen eventuellen Sortenschutz bei geschützten Rebsorten kümmern.

Vor der Auspflanzung gibt es einiges zu tun: Es gilt, den Boden vorzubereiten.

Wenn große Flächen bepflanzt werden, hilft eine Rebpflanzmaschine.

Rebpflanzung

Vorbereitung für die Auspflanzung

Ideal ist eine Auspflanzung im Frühjahr, da der Winterfrost dann zu keinen Verlusten mehr führen kann. Es ist aber auch eine Pflanzung im Herbst möglich. Bei Trockenheit benötigen junge Rebstöcke in jedem Fall eine regelmäßige Bewässerung.

Generell empfiehlt sich eine Bodenvorbereitung im Herbst, auch bei einer Pflanzung im Frühjahr. Mit einem Spaten oder einer Grabegabel soll tief umgegraben werden. Durch die Frostgare im Winter ist der Boden fein krümelig und gut vorbereitet. Wenn es sich um ein Wiesenstück handelt, muss die Grasnarbe zuvor abgestochen werden.

Bei Einzelstöcken ist eine Fläche mit einem Durchmesser von mindestens 50 cm vorzubereiten. Bei mehreren Weinstöcken in einer Reihe wird üblicherweise die gesamte Pflanzreihe bearbeitet.

Bei größeren Pflanzungen wird dies am besten mit einem Traktor und einem Tiefenlockerer bei trockenem Boden durchgeführt. Oft werden diese Arbeiten von Rebschulen angeboten, wie auch die maschinelle Pflanzung im Frühjahr. Es bedarf eventuell aber einer längeren Vorausplanung.

Bei schlechten Bodenverhältnissen sollte man auf rechtzeitige Vorbereitung achten und eventuell gute Erde ins Pflanzloch dazugeben. Auf keinen Fall frischen organischen Dünger direkt in die Pflanzgrube geben, besser wäre es, Kompost unter die Erde zu mischen!

Wurzelnackte Weinstöcke haben nackte Wurzeln ohne Erde. Diese dürfen bei der Auspflanzung noch keinen Austrieb haben und müssen sich „in Ruhe" befinden. Diese Weinstöcke sollten nur im Frühjahr zwischen April und Mai ausgepflanzt werden. Der Pflanzboden sollte bereits etwas erwärmt und oberflächlich trocken sein.

Wurzelnackte Pflanzware ist preislich günstiger als Topfware, muss jedoch rasch ausgepflanzt werden, denn die Wurzeln dürfen auf keinen Fall austrocknen. Es hilft, den nackten Weinstock beim Kauf in ein kühles und feuchtes Tuch einzuschlagen oder mit Folie dicht zu verpacken. Die Weinreben sollten vor der Pflanzung 1–2 Tage gewässert werden.

Schritt für Schritt zum Einpflanzen von wurzelnackten Weinstöcken!

Zuerst wird ein spatenbreites Pflanzenloch ausgehoben.

So sieht eine wurzelnackte Pfropfrebe aus.

Für ein besseres Wurzelwachstum, empfiehlt es sich, die Wurzeln mit einer Gartenschere anzuschneiden.

Nun wird die Pflanze in ihrem neuen Zuhause eingerichtet, die Veredelungsstelle muss mind. 5 cm über der Erde herausschauen.

Die Platzierung noch einmal checken und dann ist es schon fast geschafft: Pflanzloch bis zur Hälfte mit Erde befüllen.

Gut einzuwässern ist wichtig.

Erst nachdem das Wasser eingesickert ist, darf die restliche Erde aufgefüllt werden.

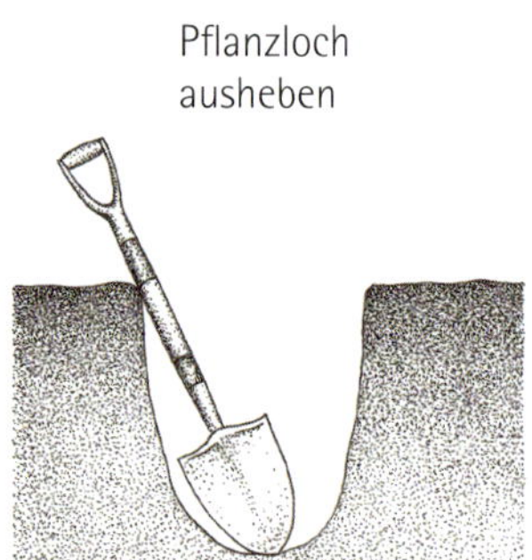

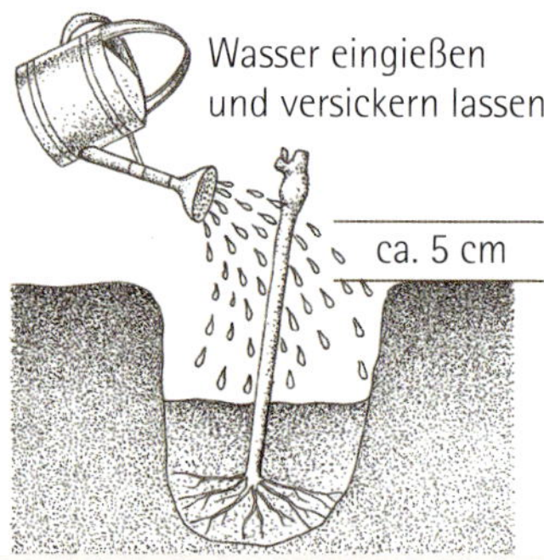

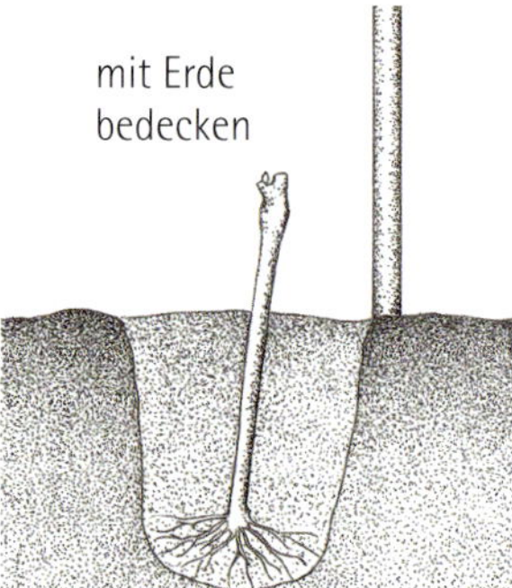

Loch graben, Pflanze einsetzen, falls nötig gießen, mit Erde auffüllen – und fertig!

Nach einer ordentlichen Pflanzvorbereitung reicht ein etwa spatenbreites Loch, um den Wurzeln genügend Platz zu bieten. Empfehlenswert ist es, die Wurzeln mit einer guten Gartenschere frisch anzuschneiden, dadurch wird die Bewurzelung gefördert. Die Wurzeln sollten gut verteilt sein, eben im Pflanzloch liegen und dürfen keinesfalls nach oben stehen.

Weinstöcke gehören so tief in den Boden eingesetzt, dass die Veredelungsstelle mindestens 5 cm über der Erde herausschaut. Bei zu tiefer Pflanzung würden sich Edelreiswurzeln bilden und in weiterer Folge die Unterlage absterben. Wenn die Pflanze zu hoch eingesetzt wird, kann sie leicht austrocknen. Des Weiteren könnte die Wurzel der jungen Pflanzen bei Frost leicht abfrieren.

Ist der Unterboden vom Winter noch gut feucht, dann braucht die Erde nur gut aufgefüllt und etwas festgetreten werden. In nassen Böden nicht angießen und auch die Erde dann nicht festtreten, damit genügend Luft in den Wurzelbereich kommt, sonst könnte es dort zu Fäulnis kommen.

Ist der Unterboden aber trocken, das Pflanzloch mit dem gepflanzten Weinstock nur bis zur Hälfte mit Erde befüllen und dann das Pflanzloch am besten ausreichend eingießen. Nachdem das Wasser eingesickert ist, mit dem Rest der Erde befüllen und bodengleich abschließen.

Je nach Witterungsverlauf sollte die frisch gesetzte Weinrebe mehrmals gegossen werden. Bedenken Sie jedoch, dass die Wurzeln tief in der Erde sind und der Weinstock selbst lernen soll, nach Wasser zu suchen. Im ersten Pflanzjahr sollte

Hochstammreben kommen oft im professionellen Weinbau zum Einsatz.

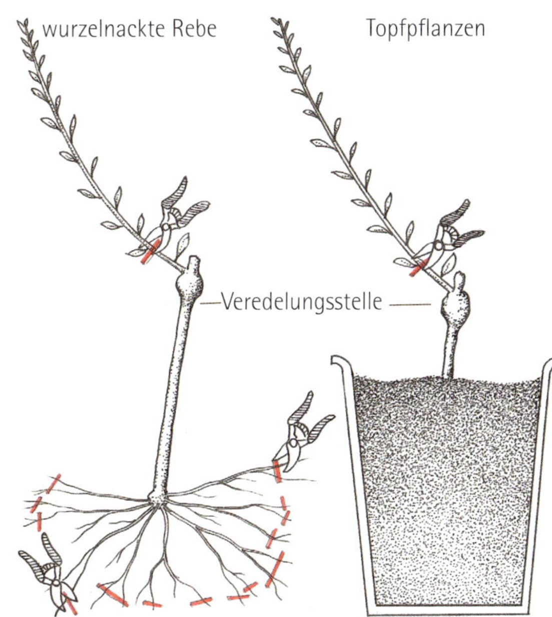

Wurzelnackte Rebe links und Topfrebe rechts: So schneidet man richtig!

bei Trockenheit regelmäßig gegossen werden, aber auch nicht zu viel. Das Einsetzen kann am besten mit einem Spaten erfolgen. Es gibt aber auch Erdbohrer oder Pflanzlanzen.

Toni: „Wir haben im Frühjahr einen Weingarten neu ausgepflanzt. Da es im Sommer 2017 extrem trocken war, mussten wir die Junganlage mehrmals gießen."

Sonja: „Ich vergleiche das gern mit Tomaten-Pflanzen: Wenn Tomaten ständig gegossen werden, dann lernt die Pflanze nicht, tief zu wurzeln. Außerdem hat man mehr Arbeit. Wenn man gießt, dann ordentlich und ausgiebig. Auch ist das Aroma bei weniger gegossenen Gemüsepflanzen intensiver."

Hochstammreben werden teilweise im professionellen Weinbau verwendet. Es handelt sich dabei um Rebveredelungen mit einer viel längeren Unterlagsrebe und mit einer Stammhöhe von rund 70 cm. Der erste Trieb ist nach der Pflanzung – je nach Unterlagenlänge – gleich in der Höhe des ersten Drahtes. Die Unterlage bildet schon den Stamm aus, und es entfällt die Arbeit des Entfernens der Stockaustriebe am Stamm. Die Hochstammreben sind teurer und die Winterfrostfestigkeit ist nicht immer gegeben.

Topfreben/Containerpflanzen können das ganze Jahr über ausgepflanzt werden, wobei auch hier das zeitige Frühjahr empfehlenswert ist. Der Weinstock wächst im Frühling leichter an und die Temperaturen sind noch nicht so hoch, dass Hitzestress entstehen könnte.

Die Pflanzung erfolgt wie bei den wurzelnackten Weinreben, wobei die Veredelungsstelle wieder ca. 5 cm aus dem Boden ragen sollte. Die Rebe vorsichtig aus dem Pflanztopf nehmen und mit dem gesamten Wurzelballen samt Erde einsetzen. Auch hier ist gutes Eingießen wichtig.

Schritt für Schritt zum Einpflanzen von Topfreben:

1. Zuerst darf man aussuchen: Die Lieblingstopfpflanze wartet sicher bereits.

2. So sieht sie aus: eine gut durchwurzelte Pflanzware mit gesunden Wurzeln.

3. Auch hier wieder: Die Pflanzgrube vorbereiten.

4. Wichtig: Verdelungsstelle sollte 5 cm über der Erde sein.

5. Die Pflanze wird ausgerichtet und zur Hälfte mit Erde befüllt.

6. Nun muss man den Rebstock gut eingießen.

7. Erst wenn das Wasser versickert ist, wird die Pflanzgrube komplett mit Erde bedeckt.

8. Der Rebstock in seinem neuen Zuhause.

Ein Pflanzstab (am besten aus Holz) sollte gleich zum Jungstock dazugesetzt werden, als Schutz für den jungen Austrieb und zum Aufbinden der Triebe. Nach dem Einsetzen den Weinstock im ersten Jahr einfach wachsen lassen und gut pflegen. Damit ist gemeint, dass der Boden rund um den Weinstock unkrautfrei gehalten werden soll. Es kann auch gerne mit Stroh oder Gras gemulcht werden. Ein Rückschnitt wird erst im darauffolgenden Frühjahr vorgenommen (→ siehe Erziehungsschnitt, Seite 65).

Sonja: „Das Anbringen eines gut haltbaren und wetterfesten Schildes mit Angabe von Sorte, Unterlage und Pflanzjahr ist günstig. So wissen Sie auch noch nach Jahren, welche Weinsorte gepflanzt wurde, und dies kann bei eventuellen Rückfragen nützlich sein."

Erziehungsarten

Vorbereitung

Die Weinrebe ist von Natur aus ein rankendes Gewächs – daher benötigt sie ein Klettergerüst, eine Rankhilfe, ein Spalier oder im Erwerbsanbau ein Drahtrahmengerüst. Vor jeder Pflanzung sollte man sich im Klaren über das Erziehungssystem sein.

Die Erziehung oder Formgebung ist ausschlaggebend für:

- eine gute und gleichmäßige Verteilung der Triebe.
- eine günstige Besonnung der Blätter und Trauben.
- eine gute Durchlüftung (gegen Krankheiten).
- eine gute Traubenqualität.
- eine leichte Durchführung der Laub- und Pflegearbeiten.

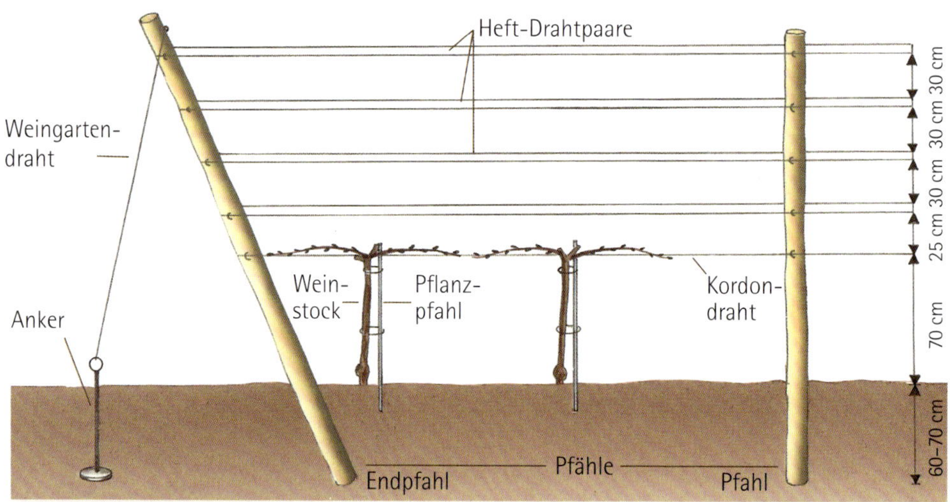

So kann ein Drahtrahmengerüst für eine Rebreihe aussehen. Je nach Erziehungsart und Sorte kann dies auch variieren, genauso die Abstände der Drähte.

Je nach Wüchsigkeit des Rebstocks müssen bestimmte Pflanzabstände berücksichtigt werden, damit der Weinstock ausreichend Platz für eine gute Entwicklung hat. Dies ist wiederum abhängig von Unterlage, Weinsorte sowie den natürlichen Produktionsfaktoren wie Klima, Lage und Boden. Eine Weingartenanlage (mit ein oder mehreren Zeilen) steht üblicherweise rund 30 Jahre und länger. Daher sollte von Beginn an auf eine gute Unterstützung geachtet werden, damit eine dementsprechende Haltbarkeit und Standfestigkeit gewährleistet ist.

Für die Unterstützung einer Weingartenzeile werden benötigt: **Pflanzstecken/Pflanzstab**

Jeder Weinstock benötigt für einen geraden Stamm einen Stecken, der ihm als Stütze dient. Je nach Erziehungsart kann der Stecken kürzer oder länger sein und sollte mit dem Kordondraht (→ siehe Seite 56) verbunden sein. Die Stecken können aus Holz, Rundeisen oder Kunststoff sein, wobei wir Letzteres, aus ökologischen Gründen, nicht empfehlen möchten. Für den Gartenbereich eignen sich besonders gut Holzstecken aus Fichte oder noch besser aus dem lange haltbaren Holz der Robinie.

In der Praxis haben sich Rundeisen durchgesetzt, da diese trotz Rost lange haltbar, praktisch beim Einsetzen und vor allem stabil sind. Ein Durchmesser von 8 mm wird empfohlen. Die Rundeisen sollten am obersten Ende des untersten Drahtes befestigt werden. Dazu gibt es passende Befestigungsklammern in unterschiedlichen Ausführungen.

Steher/Säule/Unterstützungspfahl

Bei den meisten Erziehungssystemen wird heute ein Drahtrahmengerüst verwendet, wobei die Steher die Drähte tragen. Je nach Höhe des Erziehungssystems sollte die Länge der Steher zwischen 2 und 2,75 m und die der Endpfähle zwischen 2,50 und 3 m betragen.

Setzt man vielleicht bei den Stecken auf nicht so hochwertiges Material, da ein Fichtenstecken leicht ausgewechselt werden kann, so sollte man beim Steher nicht sparen. Aus ökologischen Gründen raten wir von imprägniertem Holz ab. Wählen

Drahtrahmenspalier samt Steher.

Die Anker werden tief in den Boden eingedreht.

Am Anker wird das obere Ende des Endstehers mit Draht befestigt.

Sie langsam gewachsenes unbehandeltes Robinienholz oder verzinkte Stahlsäulen.

Toni: „Wir haben Robinienpfähle in unseren über 40 Jahre alten Weingärten, die noch immer ihren Zweck erfüllen, und irgendwann werden sie als Brennholz dienen."

Holzsteher sollten zwischen 50 und 70 cm tief in die Erde gesetzt werden, am besten mit einem Erdbohrer. Metallpfähle können im steinfreien Boden auch eingeschlagen oder eingedrückt werden. Für die Metallpfähle gibt es Ankerplatten, damit diese aufgrund ihrer schmalen Seitenfläche bei Seitenwind nicht umgedrückt werden. Um eine gerade Reihe zu erstellen, spannt man am besten eine Schnur. Wichtig ist eine gute Verankerung der Endsäulen, die schräg zum Anker (ca. 70 °) in den Boden gesetzt werden.

Anker

Als Anker dienen Schraub- oder Schlaganker, die tief in den Boden eingedreht oder geschlagen werden. Daran wird das obere Ende des Endstehers mittels Draht oder Seil befestigt. Der Abstand zur Endsäule sollte mindestens 1 m betragen.

Draht

Zum Formieren und Tragen der Triebe werden heute hauptsächlich Zink-Aluminium-beschich-

Drahtspanner.

Steher mit Heftdrahtfeder.

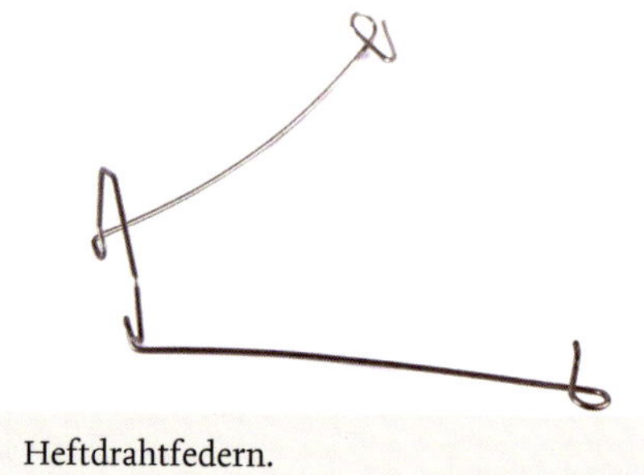

Heftdrahtfedern.

tete Drähte verwendet, die lange haltbar sind und eine hohe Festigkeit haben. Bei den Drähten zum Einschlaufen der Triebe **(Heftdrähte)** verwendet man eine Stärke von 2 mm Durchmesser. Für den untersten Biegedraht **(Kordondraht)** werden etwas stärkere Drähte mit einem Durchmesser von 2,2–2,5 mm verwendet. Für diesen untersten Draht kann man auch gewellte Drähte (Welldraht) befestigen, an denen der Pflanzpfahl nicht so leicht verrutschen kann. Mit entsprechenden Halteklammern verrutschen die Pflanzstäbe auch an glatten Drähten nicht. Früher wurden nur verzinkte Drähte verwendet, deren Lebensdauer geringer ist. Als Alternative gibt es Edelstahldrähte, die sehr beständig und reißfest sind, aber auch teurer.

Aufgrund des Dehnungsverhaltens der Drähte muss von Zeit zu Zeit nachgespannt werden. Dies lässt sich leicht mit einem Drahtspanner (pro Draht) bewerkstelligen, dabei gibt es unterschiedlichste Modelle verschiedener Hersteller.

Drahtausleger, Heftdrahtfedern

Um das Einschlaufen der Triebe zu erleichtern, können mittels Drahtausleger die Heftdrahtpaare, je nach Modell, auf 30–40 cm auseinander gespreizt werden (→ siehe Bild). Der Großteil der jungen Triebe kann dadurch selbstständig zwischen die Drähte hineinwachsen. Bei entsprechender Trieblänge werden die Drähte wieder zusammengeklappt, damit die Triebe in das nächsthöhere Drahtpaar einwachsen können. Die Arbeit des Einschlaufens geht dadurch schneller.

Haken

Für die Befestigung der Drähte an Holzstehern werden unterschiedliche Ausführungen von Haken verwendet. Diese Haken sollten aus demselben Material wie der Draht sein, damit es zu keiner Korrosion kommt. Bei Metallpfählen sind üblicherweise Haken integriert, an denen die Drähte eingehängt werden können.

Spalier-Erziehung, Drahtrahmen-Spalier-Erziehung

Die Erziehung dient der Formgebung des Rebstocks. Dafür gibt es viele Möglichkeiten, einige davon sind im Folgenden angeführt.

Die Spalier-Erziehung ist ein in der Praxis weit verbreitetes System, bei dem die Reben in Form eines schlanken Spaliers erzogen werden. Bei diesem System kann die Stammhöhe und auch das Rebschnitt-System variiert werden. Je nach Stammhöhe unterscheidet man niedrige, mittelhohe und hohe Spalier-Erziehung.

Der Aufbau der Unterstützung erfolgt bei der Spalier-Erziehung mit senkrechten Pfählen, einem waagrecht angeordneten Kordondraht und mehreren darüber liegenden Heftdrahtpaaren. Es werden 3–4 Drahtpaare im Abstand von 30–40 cm und ein unterster Kordondraht gespannt. Am Beginn und am Ende einer Rebzeile wird ein stärkerer Pfahl schräg in den Boden gesetzt und gut verankert. Der Abstand der Pfähle (Steher) beträgt zwischen 5–6 m.

Der Abstand zwischen den einzelnen Rebreihen variiert von 2–3 m. Bei sehr niedrigen Spalier-Erziehungssystemen kann der Reihenabstand auch nur bis zu 1 m betragen.

Der Zeilenabstand sollte nicht zu eng gewählt werden, damit es nicht zu einer Beschattung der nächsten Reihe kommt. Je höher die Laubwand ist, desto größer sollte auch der Reihenabstand sein.

Eine hohe Laubwand hat den Vorteil, dass viele Blätter für die Versorgung der Trauben zur Verfügung stehen und möglichst viel Sonnenlicht eingefangen werden kann. Auf eine entsprechende Verankerung und Dimensionierung der Pfähle im Boden ist besonders bei hohen Laubwänden zu achten.

Der Abstand in der Reihe (zwischen den Weinstöcken) liegt üblicherweise zwischen 80–120 cm, abhängig vom Wuchsverhalten der Unterlage bzw. der Rebsorte sowie von Lage, Boden und Klima.

Je nach Pflanzabstand, Wuchsstärke und Fruchtbarkeit der Reben werden unterschiedlich lange Ruten geschnitten (→ siehe auch Seite 71). Für eine günstige Triebverteilung in der Laubwand sollten die formierten Fruchtruten bis zum nächsten Weinstock reichen, aber keinesfalls überlappen (→ siehe „Rebschnitt" Seite 65). Bei Sorten mit großem Augenabstand kann dies dazu führen, dass nicht ausreichend Platz für die notwendige Augenanzahl (wichtig für ein ausgeglichenes Triebwachstum) vorhanden ist. Hier kann man

Traditionelle Pergel-Erziehung in Südtirol.

sich mit dem Formieren eines Halbbogens oder Bogens behelfen.

Der große Vorteil in der Spalier-Erziehung ist eine schlanke und hohe Laubwand-Struktur, die sich händisch, aber auch maschinell gut bearbeiten lässt. Die schmale und bei guter Pflege lockere Laubwand trocknet rasch ab und verringert das Risiko von Pilz-Infektionen. Durch die gute Besonnung der großen Blattfläche kann mit einer guten Traubenreife gerechnet werden.

In den verschiedenen Weinbauregionen haben sich bei der Spalier-Erziehung unterschiedliche Schnittsysteme durchgesetzt, wobei es immer um eine günstige Verteilung der Triebe in der Laubwand und um Arbeitszeiteinsparung geht. Von den vielen Möglichkeiten möchten wir nur einige aufzählen:

Spalier-Erziehung mit hoher Laubwand.

Einstreckerschnitt/Einfacher Flachbodenschnitt

Der Einstreckerschnitt hat den Vorteil, dass er einfach zu erlernen ist, weniger Formierarbeit bedeutet und auch weniger zu jäten ist. Es wird auf eine Seite eine lange Rute bis zum nächsten Stock und meist ein kurzer Ersatzzapfen (→ siehe Seite 69) geschnitten. Falls aber die eine lange Rute beim Formieren bricht, sind auch die Ertragsanlagen weg.

Einstreckerschnitt.

Zweistreckerschnitt/Doppelflachbogenschnitt

Hierbei werden beidseitig je ein kürzerer Strecker (→ siehe Seite 70) geschnitten und meist ein kurzer Ersatzzapfen. Das bedeutet etwas mehr Bindeaufwand, aber bei Verlust eines Streckers bleibt der andere noch übrig und ertragsfähig. Die Jätarbeit kann etwas mehr sein, da in der Mitte eine kurze Verzweigung des alten Holzes ist. Es wird immer darauf geachtet, dass man so nahe als möglich beim Stamm schneidet, um in der Mitte Kahlstellen zu verhindern. Dafür werden zu den Fruchtruten (Ertragsholz), Ersatzzapfen näher beim Stamm geschnitten.

Zweistreckerschnitt.

Waagrechter Kordon mit Zapfenschnitt

Eine andere Form der Triebverteilung, die hier mit Zapfen (→ siehe Seite 71) auf altem Holz ausgeführt wird. Die waagrechte Stammverlängerung (Kordon) bleibt auf Dauer bestehen und wird zum alten Holz. Darauf werden jährlich nur mehr – möglichst gut verteilt – kurze Zapfen geschnitten.

Der richtige Rebschnitt ist wichtig für eine gute Beerenentwicklung und sorgt für reiche Ernte.

Waagrechter Kordon mit Zapfenschnitt.

Der Vorteil liegt im einfachen Schnitt, und die Bindearbeit der einjährigen Ruten (→ siehe Seite 80) entfällt. Andererseits muss aber der Kordon befestigt werden. Durch den hohen Anteil an altem Holz können viele Reservestoffe eingelagert werden, die sich in Stresssituationen positiv auswirken. Nachteilig ist der erhöhte Aufwand beim Jäten, da Wasserschosse aus dem Kordon und Triebe von basalen Augen der Zapfen entfernt werden müssen.

Eine besondere Form des Kordonschnitts ist der **Wechselkordon**, bei dem zwischen Strecker- und Kordonschnitt jährlich gewechselt wird. Im zweiten Jahr werden nur Zapfen geschnitten, im nächsten Jahr wird der Kordon wieder entfernt und durch einen Strecker ersetzt. Dies hat den großen Vorteil, dass beim Zapfenschnitt meist maschinell vorgearbeitet werden kann und anschließend wird nur mehr die Zahl der Zapfen korrigiert.

Spalier-Erziehung an der Wand

Bei der Sonderform der Spalier-Erziehung mit einem Gerüst an der Wand können die gleichen Schnittarten wie beim Drahtrahmen-Spalier angewendet werden. Der Stammaufbau wird der Montage-Höhe des Wandgerüstes angepasst. Aufgrund des stärkeren Wachstums von Einzelstöcken im guten Gartenboden werden oft längere oder mehrere Strecker geschnitten. Damit es zu keinen Laubverdichtungen kommt, wird zur besseren Verteilung auch ein waagrechter Kordon aufgebaut. An diesem Kordon können dann, mit entsprechendem Abstand, mehrere Strecker angeschnitten werden. Auch ein reiner Zapfenschnitt am Kordon ist möglich.

Bei empfindlichen Sorten oder in niederschlagsreichen Regionen kann ein Dachvorsprung für die Gesunderhaltung des Weinstocks und der Trauben sehr hilfreich sein. Das Laub wird nicht nass, und dadurch besteht z.B. für den Falschen Mehltau keine Infektionsmöglichkeit.

Als Wandgerüst können Holzkonstruktionen, Drahtseile aus Edelstahl, Balkongeländer und verschiedene Gitter verwendet werden. Drähte und Edelstahlseile müssen aufgrund einer gewissen Dehnung nachgespannt werden können.

Dekorativer Rebstock an der Hauswand.

Stockkultur/Pfahlkultur

In Österreich war die Stockkultur bis in die 60er Jahre die am weitest verbreitete Erziehungsart. Zu jedem Weinstock wird nur ein Pfahl (Stecken) dazugesetzt, an dem die Triebe aufgebunden werden. Eine abgewandelte Form ist die dreischenklige Pfahl-Erziehung, wo die Triebe in der Mitte, links und rechts auf je einen Pfahl gebunden werden. Auf einen Hektar werden zwischen 8.000–10.000 Reben/Hektar mit einem engen Reihenabstand gepflanzt.

Bei der klassischen Stockkultur gibt es einen nur sehr kurzen Stamm mit bodennaher Verzweigung und Zapfenschnitt (→ siehe Seite 65). Dabei werden je nach Wüchsigkeit 5–7 Zapfen geschnitten. Bei älteren Stöcken ist die Verzweigung oft nicht mehr sichtbar und bildet einen verdickten „Kopf" – Kopferziehung – aus.

Es ist kein Drahtrahmengerüst nötig und daher ideal für Einzelstöcke oder Kübelpflanzen. Nachteilig ist die viele Handarbeit, da die Triebe öfters am Pfahl aufgebunden und ausgegeizt werden müssen. Die Stockkultur ist krankheitsanfälliger wegen einer eventuellen Laubverdichtung und der Bodennähe, weiters besteht dadurch auch eine erhöhte Spätfrostgefahr.

Lyra-Erziehung.

Lyra-Erziehung, V-Erziehung, Y-System

Bei dieser Form wird die Laubwand auf zwei v-förmig-zueinander angeordnete Laubwände aufgeteilt. Die großen Vorteile liegen in der gut aufgeteilten, luftigeren Laubwandstruktur und der größeren Laubwand-Fläche. Dadurch können die Blätter sehr gut besonnt werden, dies ermöglicht auch bei spät reifenden Sorten oder ungünstigeren Lagen eine sehr hohe Traubenreife. Nachteilig sind der erhöhte Aufwand für die Unterstützung und der wesentlich höhere Aufwand für die Laubarbeit.

Diese Erziehungsart findet im Tafeltrauben-Anbau Verwendung, wobei die Triebe bis zu einer Neigung von 45 ° nach außen gelegt werden. Dadurch können die Trauben frei hängen und sind durch die darüberliegende Laubwand beschattet und vor leichtem Regen geschützt.

Diese Erziehung kann auch mittels Foliendach ergänzt werden. Damit kann die Gefahr von Pilzkrankheiten und Fäulnis stark minimiert werden. Durch die hohen Investitionskosten wird dieses System nur bei guten Produktpreisen wirtschaftlich sein.

Die v-förmige-Erziehung mit Überdachung ist im Hobbybereich, bei ungünstigen Witterungsbedingungen, eine gute Möglichkeit der Erziehung und der Gesunderhaltung von Weinreben.

Wunderschöne sonnendurchflutete Pergola in Niederösterreich.

Pergola-(Pergl-)Erziehung/Dachlauben-Erziehung

Es gibt unterschiedlichste Varianten der Pergl-Erziehung, von der dachförmigen „Doppel-Pergl-Erziehung" bis zur „Einfachen Pergl", die v.a. in Südtirol verbreitet ist.

Nicht nur der Gerüstaufbau und die Instandhaltung sind aufwändiger, sondern auch der Stockaufbau. Es dauert einige Zeit bis der Stamm aufgebaut und die Triebe gleichmäßig über die ganze Dachfläche verteilt sind. Je nach Größe der Pergola geschieht dies meistens mittels Kordon und mehreren Streckern. Dafür steht eine große Assimilationsfläche (Blattfläche für Photosynthese) zur Verfügung, die für gute Traubenreife sorgt. Pergolen eignen sich hervorragend für die sommerliche Beschattung von Terrassen, da es darunter schattig, luftig und kühler ist. Eine freistehende Pergola im Garten sorgt für ein lauschiges Plätzchen. Gleichzeitig ist eine Pergola optisch sehr ansprechend und praktisch, wenn einem die Trauben direkt „in den Mund wachsen".

Laubengänge mit Wein bepflanzt sind eine Kombination aus Pergola und Drahtrahmenspalier.

Umkehr-Erziehung/Eindraht-Erziehung

Bei dieser Variante gibt es nur einen Draht in der Höhe von ungefähr 1,80 m, auf dem ein Kordon mit Strecker oder Zapfen aufgebaut wird. Die Triebe hängen nach unten und es entfällt das mühsame Heften zwischen den Drähten. Dieses System funktioniert nur mit Sorten, die ein hängendes Wuchsverhalten (z.B. Weißburgunder) haben. Bei sehr aufrecht wachsenden Sorten (z.B. Grüner Veltliner) wird die Laubwand zu dicht und die Triebe brechen ab. Der Draht muss sehr massiv ausgeführt sein. In Österreich hat sich dieses System nicht durchgesetzt.

Vertiko-Erziehung an der Hauswand: im Winter nach dem Rebschnitt.

Vertiko-Erziehung an der Hauswand: im Sommer.

Minimalschnitt-Erziehung

Dies ist eine Sonderform im Erwerbsanbau, bei der der Schwerpunkt auf Arbeitszeitreduktion liegt. Die Bearbeitung wird größtenteils maschinell mit Laubschneider und mit Traubenvollernter durchgeführt. Der händische Rebschnitt und die manuelle Laubarbeit entfallen. Die Laubwand ist sehr dicht und schwer und braucht daher eine dementsprechend stabile Unterstützung. Hagelschäden wirken sich aufgrund der Laubwand nicht so massiv aus. Die Trauben sind kleiner, lockerer und haben eine festere Schale. Die Winterfestigkeit ist höher. Für den Hobbybereich ist diese Form nicht ratsam.

Vertiko-Erziehung

Bei der Vertiko-Erziehung wird der Stamm gerade nach oben verlängert, und es werden in mehreren Etagen Zapfen geschnitten. Ideal ist diese Erziehung für Einzelstöcke an einem Pfahl oder für säulenförmige Rebstöcke an der Wand.

Rebschnitt

Vorbereitung

Das Weinjahr beginnt im Jänner mit dem Rebschnitt, der hier beschrieben wird. Ist der Rebschnitt beendet, das Wetter etwas wärmer und der Boden bereits abgetrocknet, dann ist Zeit für die Instandhaltung der Unterstützung. Kaputte Pfähle oder Stecken werden ersetzt, die Drähte bei Bedarf nachgespannt. Fehlende Haken an Holzstehern werden neu eingeschlagen und die Bindung der Stämme an den Pflanzpfahl erneuert oder ergänzt.

Der Rebschnitt unterteilt sich in den Erziehungsschnitt (zum Aufbau des Weinstocks) und den Ertrags- oder Erhaltungsschnitt (jährlicher Winterschnitt nach dem Aufbau).

Arbeitsmittel

Geschnitten wird mit einer guten und scharfen Reb- oder Baumschere. Keine Leseschere verwenden, da das Rebholz dick sein kann und ein glatter Schnitt nötig ist, den diese Schere unter Druck nicht leisten kann.

Es gibt auch ganz praktische elektrische Rebscheren mit einem Akku oder pneumatische Rebscheren, die mit einem Kompressor betrieben werden.

Zeitraum

Wichtig ist, den Rebstock in absoluter Winterruhe zu schneiden. Im Hobbybereich empfehlen wir einen Rebschnitt ab Februar oder März, spätestens im April, bevor der Rebstock austreibt. Wenn zu früh geschnitten wird, kann man eventuelle Knospenschäden durch strengen Winterfrost nicht mehr ausgleichen. Es sollte auch nicht bei zu tiefen Wintertemperaturen geschnitten werden, da dies ein zusätzlicher Stress für die Reben wäre. Im Erwerbsanbau wird aus arbeitswirtschaftlichen Gründen meist schon im Dezember begonnen.

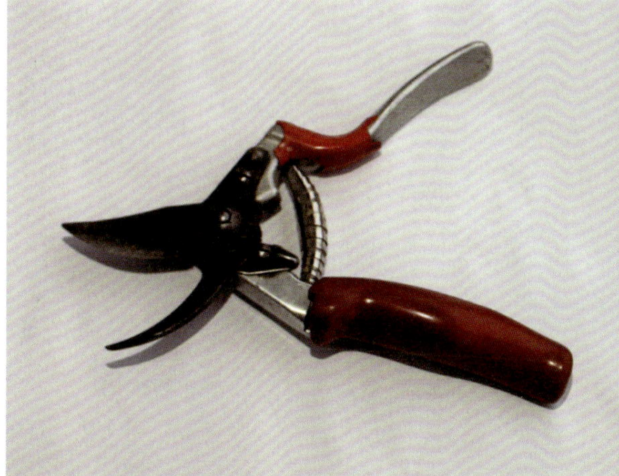

Tonis gut gebrauchte Rebschere von 1985.

Rebschere elektrisch mit Akku.

Erziehungsschnitt und Pflege in der Junganlage

Der Erziehungsschnitt dient dem Aufbau des Rebstocks und der Formgebung des Stockgerüstes. Bei Junganlagen sollte der Rebschnitt erst knapp vor dem Austrieb, im Frühling (abhängig von Lage, jahreszeitlicher Witterung, etc.), erfolgen.

Im 1. Pflanzjahr den jungen Setzling nur einwurzeln lassen, unkrautfrei halten und je nach Witterung bewässern. Vor dem Winter den Weinstock mit der Veredelungsstelle gut anhäufeln als

Schutz vor starken Winterfrösten. Im darauffolgenden Frühjahr nach der Pflanzung vor dem Austrieb den Damm wieder abräumen.

So gelingen Erziehungsschnitt und die Pflege:

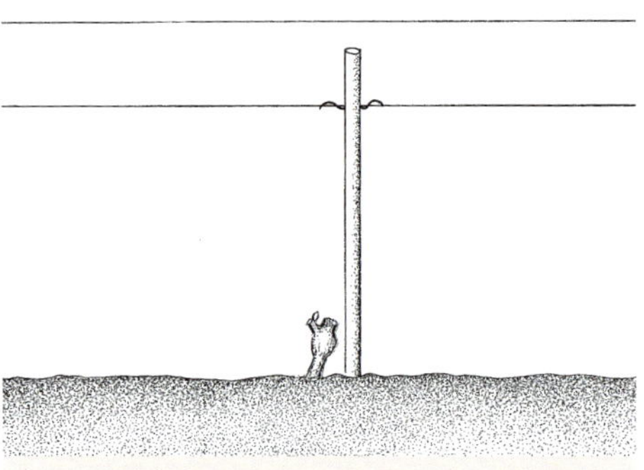

1. Der junge Setzling nach der Pflanzung.

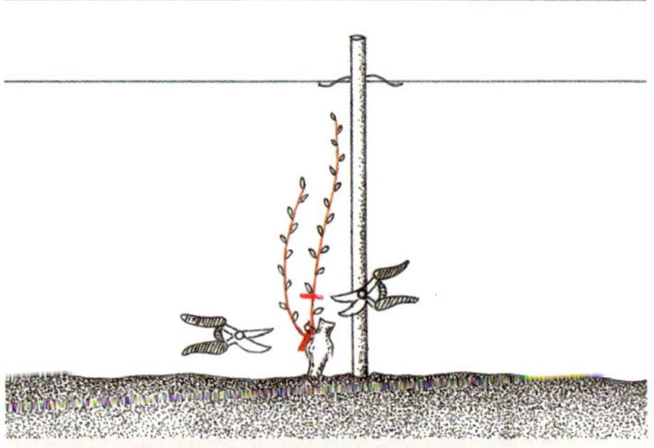

2. Im Winter nach dem ersten Pflanzjahr: Trieb 1 wird auf einen kurzen Zapfen zurückgeschnitten, Trieb 2 wird komplett entfernt.

3. Nach dem Schnitt im 1. Pflanzjahr.

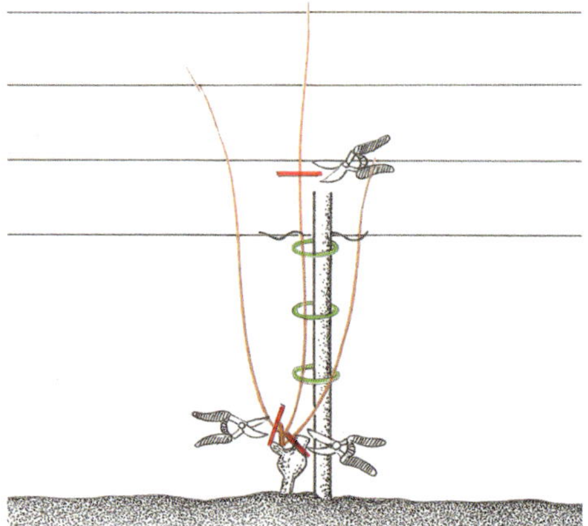

4. Triebwachstum und Schnitt nach dem 2. Pflanzjahr: Es bleibt nur ein Trieb stehen.

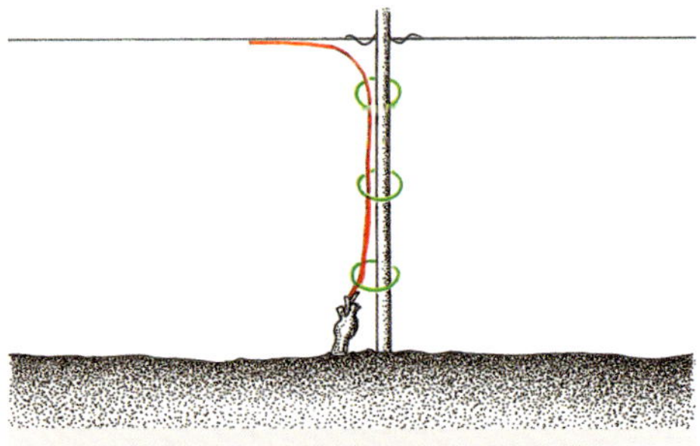

5. Nach dem Schnitt: formieren und binden im Frühjahr des 3. Pflanzjahres.

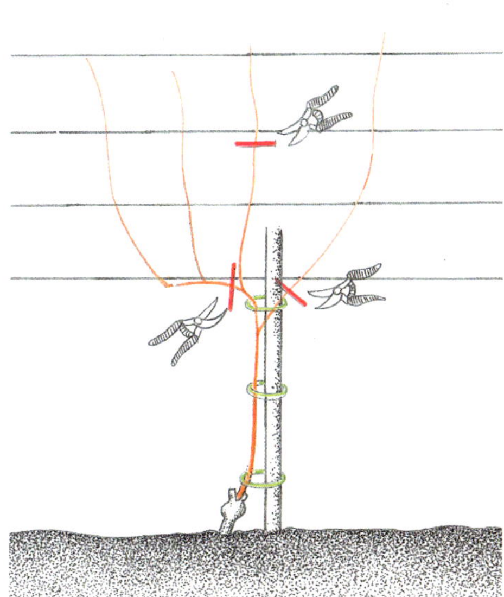

6. Triebwachstum und Schnitt nach dem 3. Pflanzjahr.

Zum Schutz vor Winterfrösten werden die Rebstöcke mit Erde angehäufelt.

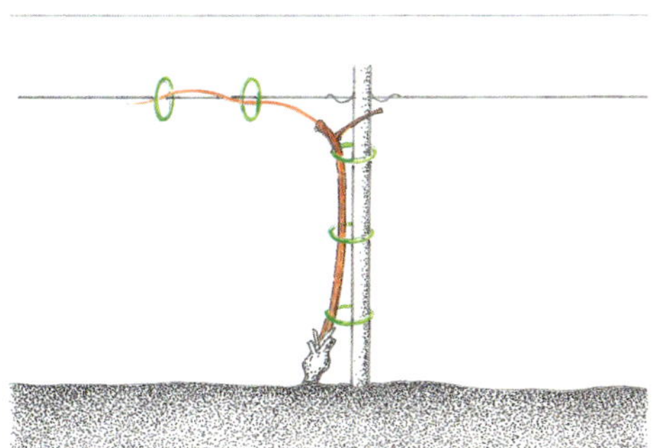

7. Nach dem Schnitt: formieren und binden im Frühjahr des 4. Pflanzjahres.

So sieht der Rebstock nach dem 1. Pflanzjahr aus.

Einen starken Trieb auswählen, alle anderen entfernen und den ausgewählten Trieb auf zwei Augen/Knospen zurückschneiden. Dies geschieht, um in diesem Jahr einen kräftigen Trieb für den Aufbau des Stammes zu erhalten. Bei niedrigen Erziehungsarten (mit niedriger Stammhöhe) und bei schon gut entwickelten Trieben (wenn Topfpflanzen eingepflanzt wurden) kann gleich wie im 2. Jahr mit dem Stammaufbau begonnen werden. Möglicherweise vorhandene Trauben sollten entfernt werden, da der Stock ansonsten überlastet wird.

Im 2. Pflanzjahr ist der Rebstock schon besser eingewurzelt und bringt einige kräftige Triebe hervor. Diese werden im Frühjahr auf 1–3 Triebe reduziert, damit sich die ausgewählten gut entwickeln können. Eigentlich würde ein Trieb für den Stammaufbau reichen, jedoch dient ein weiterer Trieb der Sicherheit, falls einer der Triebe abbricht, und gleichzeitig der besseren Verteilung der Wuchskraft. Die Triebe sollten während des Jahres immer wieder gebunden werden, damit man später einen geraden Stamm erhält. Im Laufe des Sommers sollten die Geiztriebe (→ siehe Seite 84) im Bereich des späteren Stammes entfernt werden. Möglicherweise vorhandene Trauben sollten ebenfalls entfernt werden. In der Winterruhe wird dann ein schöner, gesunder und gut ausgereifter Trieb ausgewählt und die anderen Triebe an der Basis weggeschnitten. Der verbleibende Trieb bildet den Stamm für die gesamte Lebensdauer des Rebstocks. Dieser nun verbleibende Trieb wird auf ungefähr 4 Augen über dem untersten Draht (Kordondraht) zurückgeschnitten und an den Pflanzpfahl gebunden.

Dazu kommen verschiedene Materialien in Frage, wie Schnüre aus Hanf, Sisal oder mitwachsende Kunststoff-Schnüre sowie elastische Stammbinder.

Die oberste Bindung sollte ungefähr handbreit unter dem Kordondraht sein, und von dort aus wird der einjährige Trieb gebogen und waagrecht

flexibler Stammbinder

an den Draht gebunden. Sollte der Trieb nicht lange genug sein, wird dieser knapp unter dem Kordondraht abgeschnitten und der Strecker wird erst im nächsten Jahr formiert.

Im 3. Pflanzjahr werden die jungen Triebe am senkrechten Stamm bis maximal handbreit unter dem Draht weggebrochen. Damit konzentriert sich das junge Triebwachstum auf die Triebe ab der Biegestelle und auf den waagrechten Teil. Während des Sommers werden nochmals die Wasserschosse (→ siehe Seite 23) am Stamm entfernt, und die Triebe werden in den Drahtrahmen eingeschlauft oder am Spalier befestigt. Der Traubenansatz im 3. Pflanzjahr sollte reduziert werden, damit sich der Weinstock gut entwickeln kann und nicht überfordert wird. In der Zeit der Winterruhe wird ein kurzer Zapfen mit 2–3 Augen unterhalb des Kordondrahts angeschnitten. Der nächste schöne Trieb wird als Strecker mit 5–8 Augen angeschnitten, abhängig von Sorte und Erziehungssystem (→ siehe Seite 53). Das zweijährige Holz wird gleich nach dem ausgewählten Strecker weggeschnitten und alle anderen Triebe werden entfernt. Anschließend wird der Strecker wieder waagrecht formiert und gebunden.

Wenn man weiterhin in den nächsten Jahren nur einen Strecker (oder Rute) schneidet, ist der Erziehungsschnitt für dieses Schnittsystem (Einstrecker-Schnitt, → siehe auch nächste Seite) fertig. Wenn man im **4. Pflanzjahr** zu beiden Sei-

Erziehungsschnitt mit einem Strecker: Einstreckerschnitt.

1. Spalier-Erziehung: Strecker vor dem Einstreckerschnitt.

2. Strecker mit Ersatzzapfen nach dem Einstreckerschnitt.

3. Nach dem Schnitt wird der Strecker wieder formiert ...

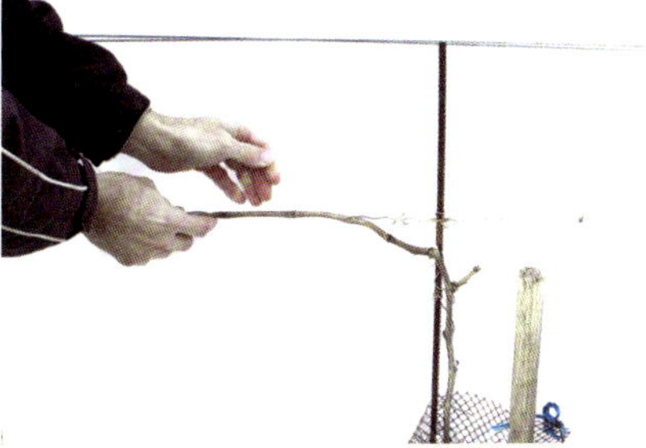

4. ... und anschließend gebunden.

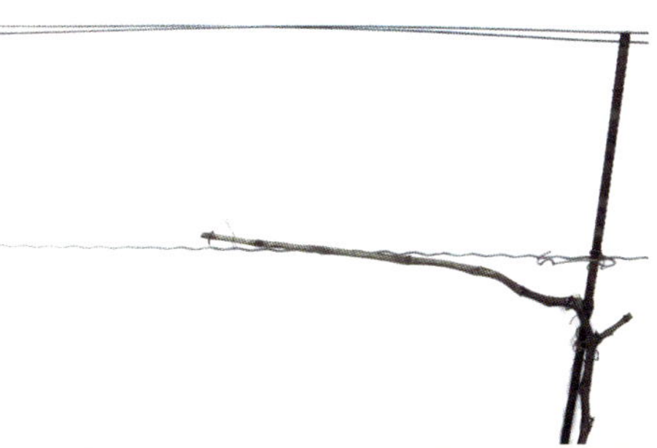

5. Voilà: Fertig ist der Einstreckerschnitt!

ten einen Strecker (Zweistrecker-Schnitt, → siehe Seite 70) heranziehen möchte, schneidet man zu beiden Seiten eine Rute von 4–8 Augen.

Falls die Triebstellung und Triebentwicklung bereits im 3. Pflanzjahr sehr günstig war, kann der beidseitige Aufbau schon im Winter des 3. Standjahres stattfinden. Die Augenanzahl hängt ab von der Wüchsigkeit der Sorte, vom Pflanzabstand und vom Erziehungssystem. Zusätzlich wird ein kurzer Zapfen von ungefähr 2 Augen basisnah zum Stamm als Ersatzzapfen angeschnitten.

Im Unterschied zur Spalier-Erziehung (→ siehe Seite 56) ist die Stammhöhe bei der Pergola-Erziehung (→ siehe Seite 63) wesentlich höher, meist über 2 m. Daher erfolgt der Stammaufbau

Erziehungsschnitt mit zwei Streckern: Zweistreckerschnitt.

Rebstock vor dem Schnitt.

Beim Zweistreckerschnitt schneidet man zu beiden Seiten eine Rute von 4–8 Augen. Hier die Strecker nach dem Schnitt.

nicht auf einmal, sondern in mehreren Etappen. Der Trieb wird bis auf Bleistiftstärke oder halbe Höhe zurückgeschnitten und im nächsten Jahr verlängert. Dazu werden nach dem Austrieb nur 2–3 Triebe stehen gelassen, die restlichen werden weggebrochen. Im darauffolgenden Rebschnitt wird der beste Trieb für die Stammverlängerung ausgewählt. Ist der Stamm aufgebaut, dann wird bei der Pergola-Erziehung darauf geachtet, dass die Triebe gleichmäßig über die Dachfläche verteilt werden. Dazu erfolgt meist der Aufbau eines Kordons (→ siehe Seite 58).

Beachten Sie dabei auch die Windrichtung, damit die Triebe auf die Dachfläche gelegt und nicht in die Gegenrichtung heruntergedrückt werden und abbrechen. Dies sollte man schon bei der Pflanzung bedenken und die Rebstöcke – wenn möglich – auf der Windseite pflanzen.

Ertragsschnitt/Erhaltungsschnitt

Der Ertragsschnitt ist wichtig für die Form-Erhaltung des Rebstocks und dient der optimalen Verteilung der Triebe in der Laubwand. Die Schnittstärke (gibt an, wie viele Augen belassen werden) sollte so gewählt werden, dass eine gute Triebentwicklung möglich ist. So soll ein Gleichgewicht zwischen Traubenertrag und Wuchskraft gegeben sein, man spricht von physiologischer Ausgeglichenheit. Optisch lässt sich das im Winter gut erkennen (→ siehe Bilder).

Daher ist es wichtig, einen Rebstock vor dem Schnitt als Ganzes zu betrachten.

Befindet sich der Weinstock annähernd im **physiologischen Gleichgewicht**, dann wählt man die Schnittstärke gleich wie im letzten Jahr. In diesem optimalen Zustand liefert der Rebstock ausreichend Ertrag und Qualität und kann gleichzeitig genügend Reservestoffe im Holz und in den Wurzeln einlagern. Diese Reservestoffe sind wiederum wichtig für die Winterhärte und für den nächsten Austrieb.

Einschätzung der Wuchskraft:

Schwacher Wuchs.

Ausgeglichener Wuchs.

Starker Wuchs.

Ist der Wuchs schwach, dann werden weniger Knospen als im Vorjahr belassen. Dies bezeichnet man auch als „schwachen Schnitt", bei dem weniger Knospen verbleiben und mehr weggeschnitten wird. Dadurch kann der Weinstock seine Wuchskraft auf die verbleibenden Knospen aufteilen und wieder in sein Gleichgewicht gelangen.

Ist der Wuchs sehr stark und der Weinstock hat dicke und lange Triebe mit meist wenig Traubenertrag, werden mehr Augen als im letzten Jahr angeschnitten, damit sich die Wuchskraft wieder auf mehr Triebe verteilen kann. Dies ist ein sogenannter „starker Schnitt" und bedeutet, dass weniger weggeschnitten wird und mehr Augen verbleiben.

Durch die Schnittstärke kann der zukünftige Ertrag beeinflusst werden, da in jeder Winterknospe (Winterauge) bereits der gesamte Trieb (inkl. Gescheine) angelegt ist. Das bedeutet, je stärker angeschnitten wird (mehr Augen pro Stock belassen), desto mehr Trauben werden gebildet. Über den endgültigen Ertrag entscheiden aber noch viele weitere Faktoren, vor allem aber die Witterung. Mehr Traubenertrag bedeutet aber in der Regel weniger Reife und Qualität.

Neben der Schnittstärke kann auch die Schnittlänge einen Einfluss auf die Fruchtbarkeit des Rebstocks haben. Bei manchen Rebsorten sind die basisnahen Knospen weniger fruchtbar als entferntere Knospen. So erreichen manche Sorten die volle Fruchtbarkeit erst ab dem 3.–5. Auge. In diesem Fall empfiehlt es sich, länger zu schneiden, z.B. bei ‚Traminer' oder ‚Frühroter Veltliner'.

Nach der Schnittlänge unterscheidet man:

- Zapfen: Darunter versteht man einjährige Triebe, die auf 1–4 Augen zurückgeschnitten werden, üblicherweise 2 Augen.
- Strecker oder Flachbogen: Darunter versteht man einjährige Triebe auf einem zweijährigen Holz, die auf 4–8 Augen zurückgeschnitten werden.
- Rute oder Bogen: Darunter versteht man lange Strecker mit bis zu 12 Augen.

Ertragsschnitt im Detail:

... vor dem Schnitt.

Ersatzzapfen & Strecker nach dem Schnitt.

Nach der Funktion unterscheidet man

- zwischen Ersatzholz (Dieses dient als Vorsorge für das nächste Jahr und dadurch zum Formerhalt des Rebstocks, wird als Zapfen mit 1–2 Augen geschnitten und muss nicht Ertrag bringen, d.h. ein Ersatzzapfen kann auch am alten Holz geschnitten werden.)
- und Ertragsholz oder Fruchtholz (Dieses trägt die traubentragenden Triebe und sollte am zweijährigen Holz stehen.)

Beim Rebschnitt generell beachten:

- Gut ausgereiftes, gesundes Holz auswählen (nicht zu schwaches Holz [ab ca. 8 mm Durchmesser], aber auch nicht extrem stark ausgewachsene Triebe).
- Gesunde Ruten als Grundstock heranziehen, kranke, schwache oder pilzbefallene Triebe meiden.
- Auf Knospenverletzungen und Triebschäden achten.
- Triebe, die entfernt werden, an der Basis abschneiden, keine Stummel stehenlassen.
- Es sollte stets ca. 1–2 cm über der letzten Knospe geschnitten werden, damit die Knospe nicht verletzt wird und zum Schutz vor Austrocknung.
- Die Rute kann gleich beim Rebschnitt vorsichtig vorgebogen werden. Falls die Rute abbrechen würde, sind noch weitere Strecker vorhanden und man kann „ausweichen".
- Auf eine gleichmäßige Verteilung der Knospen achten.
- Ersatzzapfen sollten wenn möglich immer stammnäher als die Fruchtrute geschnitten werden.
- Ersatzzapfen sollten nach Möglichkeit immer am oder unterhalb des Biegedrahtes angeschnitten werden. Werden die Zapfen in zu hoher Position (oder zu lange) geschnitten, dann wandert die Austriebsebene immer weiter nach oben und es steht weniger Drahtrahmengerüst für die Laubwand zur Verfügung – „Überbauungsgefahr".
- Ersatzzapfen sollten wenn möglich in Biegerichtung der Fruchtrute zeigen.
- Zugleich mit dem Rebschnitt sollten auch enge Schnüre oder Drähte aufgeschnitten werden.
- Keine stumpfe Schere verwenden. Rasch und kräftig schneiden, damit die Schnittfläche sauber und glatt ist.
- Rebschnitt bei Temperaturen von unter -10 °C nicht durchführen, um Stress zu vermeiden.
- Nach sehr kalten Wintertemperaturen (-17 °C) Knospen auf Winterfrostschäden überprüfen und gegebenenfalls mehr Augen anschneiden.
- Große Schnittwunden vermeiden, um das Eindringen von Schadpilzen zu verhindern.

Ertragsschnitt bei einem Weinstock:

… vor dem Schnitt.

… während des Schnitts.

… nach dem Schnitt mit 2 Fruchtruten.

Verjüngungsschnitt

Wenn in der Mitte eines Rebstocks keine Triebe mehr wachsen, spricht man von einer **Verkahlung**. Man versucht nun mit Wasserschossen in Stammnähe den Rebstock wieder zu verjüngen. Dazu werden bereits beim Jäten einige Wasserschosse in günstiger Position stehen gelassen. Beim Winterschnitt wird ein günstiger Trieb ausgewählt und als Zapfen geschnitten. Aus den daraus entstehenden Trieben kann im darauffolgenden Jahr eine Fruchtrute und ein Ersatzzapfen geschnitten werden.

Soll ein Weinstock komplett neu aufgebaut (**Neuaufbau**) werden, weil er oben schon schwächer oder teilweise abgestorben ist, dann belässt man an der Stammbasis einen oder mehrere Wasserschosse. Wenn oben kein Wachstum vorhanden ist, dann sollten unbedingt mehrere Wasserschosse stehen gelassen werden, damit sich die Wuchskraft verteilt. Sonst würde der eine Trieb zu stark wachsen und nicht gut ausreifen.

Beim Winterschnitt wird ein geeigneter Trieb für den Stammaufbau ausgewählt und zusätzlich zur Stammlänge die Länge einer Fruchtrute dazugeschnitten. Der alte Stamm sollte, wegen Austrocknungsgefahr, nicht zu knapp nach der Verjüngungsstelle (20–30 cm oberhalb) entfernt werden.

Durch den Neuaufbau hat man im darauffolgenden Jahr schon wieder Ertrag, da das Wurzelsystem bereits vorhanden ist. Ein neu gepflanzter Stock muss erst sein Wurzelsystem entwickeln, deswegen dauert die Phase bis zum Ertrag länger.

Ansprüche nach Standort

Wein im Gewächshaus

In der Barockzeit waren in Adelsfamilien Glashäuser mit exotischen Pflanzen und Wein sehr schick. Weinstöcke in einem größeren Folien- oder Glashaus sind durchaus möglich, vor allem wenn die klimatischen Bedingungen draußen nicht so günstig sind. Notwendig ist dazu ein großes und hohes Glashaus, damit auch einige Jahre nach der Pflanzung genug Platz für den Weinstock ist. Es bedarf einer guten Rankhilfe und einer guten Belüftungsmöglichkeit, damit die Luftfeuchtigkeit nicht zu hoch wird. Der Weinstock kann innen gepflanzt werden und sich von dort hochranken. Bei dieser Methode sollte berücksichtigt werden, dass Bewässerung ein Thema sein wird, und langfristig sollte die Nährstoffversorgung des Weinstocks gewährleistet sein.

Eine weitere Möglichkeit wäre, dass die Wurzeln des Weinstocks im Freien sitzen und durch eine Verbindung ins Glashausinnere geleitet werden. Der Vorteil dieser Methode ist, dass sich der Weinstock draußen im Freien die Nährstoffe und die Feuchtigkeit, die er benötigt, selbst holen kann. Der Nachteil ist wiederum, dass die Wurzeln bei Stark- und Dauerfrost erfrieren könnten und deshalb mit einem Strohballen geschützt werden müssen.

Die sonstige Bepflanzung im Glashaus muss an die von Jahr zu Jahr stärker werdende Lichtkonkurrenz angepasst werden.

Wein zur Beschattung eines Gewächshauses

Oft ist ein Glas- oder Gewächshaus in den Monaten zwischen Herbst und Frühjahr sehr praktisch, aber im Sommer zu heiß. Wenn es klimatisch möglich ist und ein Glashaus zur Verfügung steht, kann für die Beschattung in den Sommermonaten außen ein Weinstock gepflanzt werden. Der Vorteil eines Weinstocks liegt darin, dass im Frühjahr das Glashaus von der Sonne gut erwärmt werden kann. Und erst im Sommer, wenn es im Glashaus zu warm wird, ist die Beschattung durch das Laub des Weinstocks vorhanden.

Wein am Balkon mit der Wurzel im Boden

Weinstöcke am Balkon sind nicht nur optisch ein schöner Anblick, sondern auch Sichtschutz und Schattenspender im Sommer. Und im Herbst können die Trauben direkt vom Balkon genascht werden. Nach Möglichkeit den Rebstock unterhalb des Balkons pflanzen und bis zum Balkon hochziehen. Wenn das nicht geht, könnte man auch Weinreben im Topf pflanzen, wobei hier nur ein eingeschränkter Durchwurzelungsraum zur Verfügung steht und mehr Pflege notwendig ist.

Sonja: „Wir haben es bei uns im Innenhof so gemacht: Wir pflanzten den Weinstock unterhalb des Balkons direkt in die Erde und zogen ihn mit den Jahren langsam in die Höhe auf unseren Balkon."

Wein an der Hauswand

In klimatisch kühleren Gebieten kann Wein an einer geschützten Südwand (Schuppen, Haus) gepflanzt werden. Die gespeicherte Wärme der Südwand kommt dem Rebstock zugute. Ein Dachvorsprung ist besonders bei empfindlichen Sorten vorteilhaft. Da die Blätter trocken bleiben, ist der Rebstock vor Pilzkrankheiten gut geschützt.

Wein gedeiht auch am Balkon, z.B. mit der Wurzel im Boden.

Wein braucht nicht unbedingt viel Platz: Die Pflanze fühlt sich nämlich auch im Topf wohl.

Rebstöcke an einer Wand sind nicht nur Traubenlieferanten, sondern auch das ganze Jahr über dekorativ.

Wein im Topf

Im Weingarten wird ein Weinstock durchschnittlich 30 Jahre alt. Es handelt sich hierbei um eine intensive Kultur, die maschinell bearbeitet wird und Ertragszwecken dient.

Toni: „Wir haben einen Weingarten mit der Sorte ‚Blauer Zweigelt', der bereits 50 Jahre alt ist und noch immer wunderbare Trauben in bester Qualität trägt."

Ein Weinstock – geschützt unter einem Haus- oder Schuppendach oder gut gehätschelt in einem Hausgarten – kann leicht über 50 Jahre alt werden. Wir kennen einzelne geschützte Weinstöcke, die älter als 100 Jahre sind. Bei einer Pflanze im Topf wird diese Lebensdauer wahrscheinlich nicht erreicht, aber bei guter Pflege kann man sich über einige Jahrzehnte an dem Weinstock erfreuen. Einen Rebstock im Topf kann man fast mit einem Bonsai vergleichen.

Nötig ist auf jeden Fall:

- ein sonniger Standort, eventuell geschützt und nicht zu windig.
- ein großer Topf mit guter Erde und einer Drainage. Je größer der Topf, desto besser.
- eine regelmäßige Bewässerung.
- eine Rankhilfe.
- Grundwissen zum Thema Laubarbeiten.
- Grundwissen zum Thema Rebschnitt.

Topf

Der Topf oder Kübel sollte – zum Wohle des Weinstocks – so groß wie möglich gewählt werden, wir empfehlen zwischen 60–100 l Erde. Je kleiner der Topf ist, umso intensiver ist der Pflegeaufwand. Der Topf sollte hoch und weniger breit sein, damit sich eine gute Drainagierung ausgeht. Auf jeden Fall sollte eine pilzwiderstandsfähige Tafeltraubensorte (→ siehe auch Seite 34) gewählt werden. Pro Topf bitte nur eine Pflanze setzen. Dazu kommt ein Pflanzpfahl oder Rankhilfe, damit die wertvollen Triebe samt den immer schwerer werdenden Trauben nicht abbrechen. Die Pflanzung erfolgt genau wie im Kapitel „Pflanzung" (→ Seite 48) beschrieben.

Überdachung

Grundsätzlich ist dies eine Frage des Standortes und der Empfindlichkeit der Sorte.

- Eine Überdachung ist nicht nötig, wenn Sie einen warmen und trockenen Platz bieten können, wo der Weinstock samt Laub luftig steht und nach Regen gut abtrocknen kann.
- Eine Überdachung ist vorteilhaft, wenn die Blätter oft nass werden und das Risiko von Pilzerkrankungen (besonders Falscher Mehltau) besteht.

Die Betreuung einer Topfpflanze bedarf etwas mehr Zeit als ein Weinstock im Freien (u.a. wegen der Bewässerung). Die **Kulturführung** ist ähnlich wie im Weingarten, regelmäßige Laubarbeit sollte genau erfolgen, damit die Pflanze gut versorgt und belüftet ist.

Bewässerung & Mulchen

Der Weinstock muss, abhängig vom Standort (Wird er oft angeregnet?), regelmäßig gegossen werden. Der Topf mit dem Weinstock kann auch gemulcht werden (z.B. mit Gras oder Stroh), damit die Erde nicht austrocknet, was bei Töpfen leichter der Fall ist. Geben Sie dem Topf einen großen Untersetzer, es darf aber keine Staunässe entstehen.

Düngung

Jede Topfpflanze braucht nach einigen Jahren frische Erde oder Düngung, wobei ein Weinstock grundsätzlich sehr bescheiden ist. Die Beobachtung des Weinstocks im Wuchs, in der Färbung der Weinblätter und in der Ausbildung und Farbe des Rebholzes ist wichtig. Falls Sie merken, dass der Weinstock „schwächelt", so stehen unterschiedliche Biodünger wie Kompost, abgelagerter Stallmist, Urgesteinsmehl oder fertige Biodünger aus dem Handel zur Verfügung.

Überwinterung

Wann und ob ein Kübel über den Winter eingeräumt werden soll, ist schwer zu sagen, weil es v.a. auf die Kübelgröße, den Standort (geschützt oder ungeschützt), auf die Minustemperaturen und auf die Dauer des Winters ankommt.

Grundsätzlich kann der Weinstock in wärmeren Regionen draußen im Freien geschützt überwintert werden. Es besteht allerdings die Gefahr des Ausfrierens des Kübels und des Austrocknens der Pflanze. Ein Ummanteln der Topfpflanze mit Schichten von Filz, Stroh, Schilf oder Ähnlichem ist deshalb günstig.

Der Topf sollte in Regionen mit langen und strengen Winterfrösten auf jeden Fall eingeräumt werden. Im Haus aber nicht zu warm (ungefähr 5 °C) und eher trocken halten! Das Einräumen des Kübels soll so spät wie möglich erfolgen, und er sollte umgekehrt so früh wie möglich wieder ausgeräumt werden. Nach dem Ausräumen – wie im Weingarten – auf Spätfröste achten und eventuell nochmals einräumen. Wenn zu wenig Platz im Überwinterungsquartier besteht, kann der Kübel vor dem Einräumen noch geschnitten werden, aber nur in völliger Vegetationsruhe und so spät wie möglich.

Erziehung & Rebschnitt

Ideal für einen Weinstock im Kübel ist eine bodennahe Erziehung, damit der Aufbau nicht zu hoch wird und der Kübel nicht umkippt. Am einfachsten ist die Erziehung an einem Pfahl wie bei der Stockkultur (→ siehe Seite 62) oder an einem Rankgerüst direkt im Kübel. Es ist aber auch eine Vertiko-Erziehung (→ siehe Seite 64) mit kurzem Stamm und einem Pflanzpfahl möglich. Als Rankgerüst kann auch das Balkongeländer oder ein Gitter an der Wand dienen. Der Rebschnitt muss dem Wuchs der Kübelpflanze angepasst sein.

Der Wein und seine Lieblingsplätze: vom Dachgiebel bis zur Böschung!

Alter Weinstock an Holzspalier.

Alter Weinstock mit vielen süßen Früchten.

Hoch hinaus geht's immer: sogar mit Säulen an einer Wand.

Tafeltrauben an einem Giebel.

Pergola vor einem alten Winzerkeller in NÖ, zur Beschattung.

Böschungsbegrünung mit Wein.

Eine kurze Weingartenzeile hat überall Platz, z.B. im Garten.

Der Rebstock ist innerhalb der Burgmauer gepflanzt, die Triebe hängen an der Burgmauer außen, Riegersburg in der Steiermark.

Pergola vor einem Keller mit klappbarer Sitzgarnitur, besonders im Sommer ein Genuss.

Kleine Rebzeile in einer typisch niederösterreichischen Kellergasse.

Ein erstes Lebenszeichen nach der Vegetationsruhe: „Tränen" des Weinstocks.

Weinbau – Praktische Arbeiten

Reben formieren

Nach dem Rebschnitt (→ siehe Seite 65) werden die langen Fruchtruten (Strecker) auf den Draht gebogen und gebunden. Neben dem Rebschnitt ist das richtige Formieren sehr wesentlich für eine gute Triebverteilung innerhalb der Laubwand.

Die am höchsten stehenden Knospen werden am besten mit Nährstoffen versorgt und treiben als Erstes aus. Dies nennt man auch Spitzenförderung. Um einen gleichmäßigen Austrieb über die gesamte Fruchtrute zu erhalten, wird diese bei den meisten Erziehungsarten in die Waagrechte gebunden. Dadurch erreicht man eine gleichmäßige Aufteilung der Wuchskraft auf die gesamte Trieblänge.

Bei sehr starkwüchsigen Sorten und auch wenn der Pflanzabstand zu eng gewählt wurde, kann man das Wachstum etwas bremsen, indem man die Fruchtruten bogenförmig nach unten formiert.

Bei feuchtem und kühlerem Wetter ist das Biegen der Fruchtruten einfacher, da die Triebe elastischer sind als bei warmem und trockenem Wetter. Spätestens vor dem Austrieb soll diese Arbeit abgeschlossen sein. Als erstes Zeichen des Wiedererwachens nach der Vegetationsruhe im Frühjahr gilt das „Tränen, Weinen oder Bluten" des Rebstocks. Bluten ist das Austreten von Flüssigkeit aus den Schnittwunden des Rebstocks. Dieser natürliche Vorgang ist abhängig vom Schnittzeitpunkt und der Temperatur.

Das Biegen erfolgt mit Vorsicht und Fingerspitzengefühl, damit die Triebe nicht abbrechen, besonders an der Triebbasis. Am leichtesten lassen sich die Triebe zwischen den Knoten biegen und am Ende des Triebes festbinden. Bei sehr langen Fruchtruten, wenn z.B. nur eine Fruchtrute pro Stock geschnitten wird, wird die Fruchtrute ein zweites Mal gebunden.

Um die Reben zu formieren, benötigt man Materialien zum Binden.

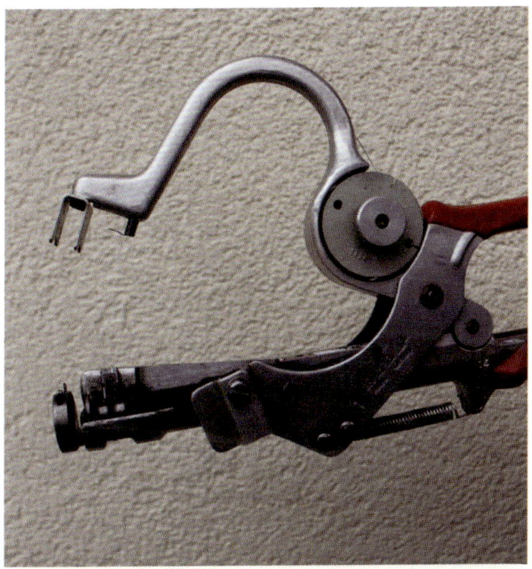

Im professionellen Weinbau werden zum Binden Zangen verwendet.

Besonders bei Weinstöcken mit mehreren Fruchtruten sollte man beim Binden auf eine gleichmäßige Verteilung achten, damit in der Laubwand keine Verdichtungen entstehen.

Das Anbinden erfolgt mit unterschiedlichen Materialien – am besten mit biologisch abbaubaren Schnüren, z.B. aus Hanf oder Sisal. Es gibt auch mit Papier ummantelte dünne Drähte, die auf eine praktische Länge vorgeschnitten sind und durch einfaches Verdrehen schnell fixiert werden können. Im Erwerbsanbau gibt es mechanische oder elektrische Bindezangen, die mit Draht, Metallklammern oder Kunststoffband arbeiten.

Laubarbeit

Allgemein

Unter Laubarbeit versteht man verschiedenste Arbeiten, die im Laufe der Vegetationsperiode (vom Austrieb bis zum Blattfall) anfallen. Dazu gehören die Korrektur der Triebzahl nach dem Austrieb, das Einschlaufen in den Drahtrahmen, das Einkürzen der überlangen Sommertriebe, das Entgeizen und Entblättern in der Traubenzone – näheres dazu im Folgenden.

Das vorrangige Ziel ist es, gesunde und gut ausgereifte Trauben zu ernten. Dafür ist eine lockere und gut durchlüftete Laubwand mit entsprechender Größe erforderlich. In den Blättern werden mithilfe des Sonnenlichtes Stoffe gebildet, die für das Wachstum der Pflanze und der Trauben notwendig sind (Photosynthese). Deswegen sollten die Blätter gut verteilt sein, damit sie möglichst viel Sonnenlicht aufnehmen können. Außerdem muss die Laubwand so locker sein, damit sie schnell abtrocknet und auch keine zu hohe Luftfeuchtigkeit in der Laubwand entsteht.

Beide Faktoren sind wesentlich für die Gesunderhaltung der Blätter, des Rebholzes und der Trauben. Eine gleichmäßige, lockere Laubwandstruktur ist zudem für den Pflanzenschutz wichtig, damit alle Pflanzenteile geschützt werden können.

Auch bei pilzwiderstandsfähigen Sorten ist die Laubarbeit sehr wesentlich für die Gesunderhaltung der Weinstöcke, wiederum abhängig von den klimatischen Rahmenbedingungen, den Sorten-Empfindlichkeiten und anderem mehr.

Jäten/Ausbrechen

Unter Ausbrechen versteht man das Entfernen von überzähligen Trieben. Diese Arbeit wird händisch durchgeführt und funktioniert sehr einfach, da die jungen Triebe an der Basis sehr leicht abbrechen. Entfernt werden:

- Triebe am Stamm (Stammtriebe),

- Wasserschosse am alten Holz im Bereich des Kordons,
- Doppeltriebe (wenn aus einer Knospe mehrere Triebe austreiben, wird der Stärkere belassen)
- und zu dicht stehende Triebe.

Diese Arbeiten müssen oft wiederholt werden, da am alten Holz immer wieder neue Triebe austreiben. Je früher man mit dem Jäten beginnt, umso übersichtlicher und leichter ist diese Arbeit, jedoch wartet man eventuelle Spätfröste ab. Die Arbeiten sollten zeitgerecht in einem Stadium von 5–10 cm Trieblänge erfolgen, damit die Nährstoffe nicht verschwendet werden und den verbleibenden Trieben zur Verfügung stehen. Auch lassen sich zu lang gewachsene Triebe nicht mehr so leicht ausbrechen – und man verliert die Übersicht. Zudem werden die Wunden größer.

Im Erwerbsanbau gibt es für das Entfernen der Wasserschosse am Rebstamm auch Geräte für den Traktoranbau. Im konventionellen Anbau werden die Stammtriebe teils mit chemischen Mitteln (Herbiziden) entfernt. Dies erfolgt in einem Arbeitsgang mit der chemischen Unkrautbekämpfung im Unterstock-Bereich.

Eine Rebzeile mit fertig eingefädelten Trieben.

Einschlaufen/Heften

Wenn ein Drahtrahmen vorhanden ist, dann werden die jungen, weichen Triebe, die nicht von alleine in den Drahtrahmen hineingewachsen sind, zwischen den untersten Drähten eingefädelt. Diese Arbeit muss behutsam durchgeführt werden, da die jungen Triebe sehr leicht abbrechen.

Die Triebe müssen eine gewisse Länge aufweisen, damit sie selbstständig zwischen den Drähten bleiben und nicht herausrutschen. Wenn sie nicht lang genug sind, dann wartet man ein paar Tage ab.

Es sind mehrere Arbeitsdurchgänge nötig, da es mehrere Drahtebenen gibt und die Triebe immer wieder in die nächsthöhere Ebene eingeleitet werden müssen. Das ist wiederum stark abhängig vom Wuchsverhalten der jeweiligen Sorte. Sorten mit hängendem Wuchs verursachen mehr Aufwand als Sorten mit aufrechtem Wuchs. In windigen Lagen sollte das erste Einschlaufen zeitgerecht passieren, damit nicht zu viele Triebe bei Wind abbrechen.

Wenn kein Drahtrahmen zur Verfügung steht, dann werden die Triebe angebunden, z.B. an das Spaliergerüst an der Hauswand oder am Gartenzaun. Es gibt auch Erziehungsformen, bei denen die Triebe einfach belassen oder nur minimal geleitet werden, z.B. Umkehr-Erziehung oder Pergola (→ siehe Seite 63).

Bei der Drahtrahmen-Erziehung gibt es technische Möglichkeiten, um diese Arbeit zu vereinfachen. Am häufigsten werden Heftdrahtfedern verwendet, die die Drähte weiter auseinanderspreizen (→ siehe Seite 56). Dadurch können die Triebe leicht zwischen die Drähte hineinwachsen. Wenn die Triebe dann lang genug sind, werden die Drähte mit den Heftdrahtfedern einfach nach oben zusammengeklappt. So kann auf größeren Flächen die Arbeit sehr schnell erledigt werden.

Eine weitere Möglichkeit ist, die Heftdrähte vor dem Austrieb der Reben ab- oder auszuhängen, um sie dann, wenn die Triebe für die jeweilige Drahtebene hoch genug sind, wieder einzuhängen. Im Erwerbsanbau gibt es auch Heftgeräte, die die Triebe aufrichten und mit einer Schnur zusammenheften. Diese Methode ist in Österreich nicht sehr gängig.

Entspitzen

Unter Entspitzen versteht man das Einkürzen von zu langen Sommertrieben. Durch das Einkürzen der Triebe wird die gesamte Energie für das Triebwachstum kurzzeitig in die Trauben umgeleitet. Danach übernehmen die Geiztriebe wieder das Längenwachstum, die durch das Einkürzen verstärkt angeregt wurden.

Mit dem Entspitzen soll so lang wie möglich zugewartet werden. Einerseits, damit man genügend Blätter oberhalb der Traubenzone für die Ernährung der Traube zur Verfügung hat. Andererseits würde ein zu frühes Entspitzen zu kompakteren Trauben führen. Bei zu dichten Trauben können sich die Beeren bei der Reife gegenseitig aufdrücken und es kann leichter Fäulnis entstehen. Auch ein Abtrocknen in der Traube ist nur schwer möglich. Dies gilt besonders bei dichtbeerigeren Sorten.

Bei einer Drahtrahmen-Spalier-Erziehung (→ siehe Seite 56) werden die Triebe spätestens gekürzt, bevor sie sich über den obersten Draht herunterbiegen würden. Dadurch wird eine Laubglockenbildung verhindert, die die eigentliche Laubwand beschatten und zu erhöhter Luftfeuchtigkeit (Pilzwachstum) führen würde.

Bei anderen Erziehungsformen ist ein Entspitzen manchmal nicht nötig, wenn nach oben genügend Platz vorhanden ist.

Wenn eine Pergola breit genug ist für das entsprechende Triebwachstum, dann ist ein Entspitzen ebenfalls nicht nötig.

Das Einkürzen erfolgt am einfachsten mit einer Rebschere, einer Heckenschere oder im Erwerbsanbau mit Laubschneidegeräten, die am Traktor aufgebaut sind.

Im Erwerbsanbau kürzt man die Sommertriebe mit einem Laubschnittgerät ein, beim Liebhaberanbau reicht eine Reb- oder Heckenschere.

Entgeizen & Entblättern

Unter **Entgeizen** versteht man das händische Ausbrechen der Geiztriebe (→ siehe Seite 26). Diese werden allerdings nur in der Traubenzone entfernt, um Verdichtungen in der Laubwand zu verhindern. Die Geiztriebe oberhalb der Traubenzone werden belassen, da diese jungen Blätter wichtig für die Ernährung der Trauben, vor allem in der Reifephase, sind.

Das Wachstum der Geiztriebe hängt von vielen Faktoren ab, wie etwa dem Erziehungssystem, der Witterung, der jeweiligen Sorte, der Laubwandhöhe, dem Zeitpunkt des Entspitzens und vieles andere mehr. Bei aufrechtstehenden Trieben wachsen die Geiztriebe an der Triebbasis schwächer als bei herabhängenden Trieben.

Unter **Entblättern** versteht man das Entfernen einzelner Blätter in der Traubenzone. Damit werden eine bessere Durchlüftung der Traubenzone und eine bessere Besonnung der Trauben erreicht.

Der Vorteil einer sehr frühen Teil-Entblätterung (kurz nach der Blüte) besteht darin, dass die noch jungen Trauben sehr rasch abtrocknen. Die Zeit kurz nach der Weinblüte ist eine sehr empfindliche Phase für Pilzinfektionen, in der ein rasches Abtrocknen besonders wichtig ist. Außerdem wird dadurch die Applikation von biologischen Pflanzenschutzmitteln wesentlich erleichtert. Weiters können sich die jungen Trauben sehr gut an das Sonnenlicht gewöhnen, und dies beugt der Entstehung von Sonnenbrand auf den Beeren vor.

Im Erwerbsanbau kann die frühzeitige Entblätterung mit pneumatischen Entlaubern durchgeführt werden, bei denen mittels Druckluft Blätter oder Blattteile herausgeblasen werden.

Die Laubarbeiten werden während der Vegetationsperiode immer wieder durch das Entfernen älterer unproduktiver Blätter aus dem Inneren und knapp unterhalb der Trauben durchgeführt. Die Blätter oberhalb der Trauben sollten als Sonnen- oder Regenschirm bestehen bleiben. Sie schützen auch bei leichtem Hagel.

Werden die Trauben bei Reifebeginn durch Entfernen einzelner Blätter etwas freigestellt, dann ergibt sich dadurch eine bessere Besonnung, eine bessere Ausfärbung (v.a. bei Rotwein) und eine bessere Aroma- und Zuckereinlagerung. Weiters wirkt sich diese Maßnahme sehr positiv auf die Traubengesundheit aus.

Wenn die erste Entblätterung erst im Sommer durchgeführt wird, dann muss man sehr moderat vorgehen, wegen Sonnenbrandgefahr, bzw. nur auf der Ost- bzw. Nordseite entblättern. Vor allem beim späteren Entlauben dürfen nicht zu viele Blätter entfernt werden, denn dies bedeutet für den Weinstock einen sehr großen physiologischen Stress, und der Blattverlust kann durch die Geiztriebbildung nicht mehr ausgeglichen werden. Weniger Assimilationsfläche ist schlecht für die Ernährung der Trauben und hat dadurch auch negative Auswirkungen auf die Reife und Inhaltsstoffe der Trauben.

Auch Trauben können unter Sonnenbrand leiden, z.B. wenn man es mit dem Entblättern zu gut gemeint hat.

Vergessene Welt: umgeben von Stille und dem natürlichen Summen und Kriechen der Gartenbewohner.

Traubenausdünnung/ Ertragsregulierung

Eine Ertragsregulierung ist dann notwendig, wenn der Traubenansatz zu hoch ist. Dazu gibt es mehrere Möglichkeiten, die gebräuchlichsten sind:

- Das Entfernen von ganzen Trauben (üblicherweise der obersten).
- Das Teilen von Trauben (Wegschneiden von mindestens einem Drittel bis zur Hälfte einer Traube) mit einer guten Schere,
- oder (bei sehr jungen Trauben) das vorsichtige Abstreifen einzelner Beeren zwischen Daumen und Zeigefinger.

Grundsätzlich ist diese Arbeit nur notwendig, wenn zu viele Trauben im Verhältnis zur Blattfläche vorhanden sind. Es braucht ein gewisses Mindestmaß an Blättern, welche für die Ernährung der Trauben zur Verfügung stehen. Generell ist die Regulierung abhängig von der Fruchtbarkeit der Sorte, der Witterungsbedingungen, den Bodenverhältnissen (zu viel Düngung), den Vorjahresbedingungen, dem Alter des Weinstocks und der Qualität des zu produzierenden Weins.

Der Zeitpunkt der Ausdünnung kann variieren von kurz nach der Blüte bis zum Weichwerden der Beeren. Bei sehr früher Ausdünnung wird oft der reduzierte Ertrag durch die Pflanze teilweise wieder ausgeglichen. Denn die verbleibenden Beeren werden dadurch größer und die Trauben dichter, was wiederum Fäulnis bedeuten kann. Bei späterer Ausdünnung ist eine höhere Qualitätssteigerung und größere Ertragsreduzierung möglich.

Toni: „2017 war bei uns ein extrem trockenes Jahr. In solchen Jahren kann durch Wegnehmen von Traubenertrag Trockenstress für den Weinstock vermindert werden. Die Qualität der verbleibenden Trauben wurde dadurch gesichert und auch das Überleben der Weinstöcke, da sie noch Energie hatten, Reservestoffe einzulagern.“

Durch eine geringe Belastung der Weinstöcke erfolgt eine bessere Holzreife und eine bessere Widerstandsfähigkeit gegen Frost. Rebstöcke, die regelmäßig hohe Erträge liefern müssen, sind früher erschöpft und werden nicht so alt.

Besonders junge Weinstöcke sollten mit Traubenertrag nicht überfordert werden, da sich dies auf die Lebensdauer des Rebstocks auswirken kann.

Bodenpflege

Allgemein

Ein Weinstock ist eine sehr bescheidene und genügsame Pflanze und gedeiht auf mageren, steinigen, aber auch auf Löss- oder Lehmböden. Ideal sind nährstoffreiche und warme Böden. Moorböden (saure Böden) und Staunässe mag der Rebstock hingegen nicht.

Ein einzelner Weinstock wird weniger Betreuung brauchen als eine oder mehrere Weingartenzeilen, aber das Prinzip bleibt das gleiche:

Ein Weinstock braucht zum Aufbau seines pflanzlichen Körpers verschiedene Nährstoffe wie Kohlenstoff (für die organische Masse), Wasserstoff, Sauerstoff, Phosphor (zur Förderung des Stoffwechsels, für Fruchtansatz und Holzreife), Stickstoff (für den Aufbau pflanzlicher Eiweißstoffe), Kalium (für das Rebenwachstum, zur Regu-

Ein Mulchbodenlockerer.

lierung des Wasserhaushalts und für den Fruchtansatz) Magnesium, Kalzium und Spurenelemente wie Bor, Eisen, Mangan, Zink, Kupfer und vieles mehr.

Die Nährstoffe werden in gelöster Form über die Wurzeln aus dem Boden und gasförmig aus der Luft, über die Spaltöffnungen der Blätter, aufgenommen.

Das oberste Ziel der Bodenpflege ist, die natürliche Bodenfruchtbarkeit zu erhalten. Alle Bodenpflege-Maßnahmen werden regulierend eingesetzt, um den Humusaufbau und das Bodenleben zu fördern. Erosion und Bodenverdichtungen müssen verhindert werden. Bodenverdichtungen entstehen durch Bearbeiten oder Befahren im zu feuchten Boden oder/und das Befahren mit zu schweren Arbeitsgeräten. Um Erosion (Bodenabschwemmung, besonders bei stärkeren Niederschlägen) zu verhindern, muss in Hanglagen der Boden ganzflächig begrünt oder bedeckt sein.

Folgende Maßnahmen müssen aufeinander abgestimmt werden und sollen die Wasser- und Nährstoffbereitstellung für die Reben sichern:

- mechanische Bearbeitung
- Begrünung bzw. Bedeckung
- eventuelle Düngung

Toni: „Eine generelle Empfehlung oder Auflistung für die richtige Bodenpflege ist – aufgrund der vielen verschiedenen Faktoren – leider nicht möglich."

Einen großen Einfluss auf die Wahl der Maßnahmen haben das Klima, die Niederschläge und deren Verteilung, die Hangneigung, die Bodenart, der Humusgehalt und die Wasserspeichermöglichkeit des Bodens. Selbst das gewählte Bewirtschaftungssystem (konventionell oder biologisch) und die maschinelle Ausstattung sind mitentscheidend.

Für den Hobbywinzer können als einfache Entscheidungshilfe die Niederschlagsmengen und das

Weingarten nach dem Einsatz eines Mulchbodenlockerers.

Triebwachstum des Rebstocks herangezogen werden. Von Natur aus ist jeder Boden grundsätzlich bewachsen oder bedeckt. Die Natur kennt keine offenen Böden.

Bei **ausreichenden Niederschlägen und gutem Wachstum** sind keine weiteren Bodenpflege-Maßnahmen notwendig.

Bei **Trockenheit und schwachem oder schwächerem Wuchs** muss man die Wasser- und Nährstoff-Konkurrenz der Beikräuter (oder eingesäten Begrünungspflanzen) reduzieren oder unterbrechen. Das kann durch Kurzhalten (Mulchen oder Mähen) der Begrünung erfolgen. Bei stärkerer Konkurrenz empfiehlt sich ein Unterschneiden der Begrünungs-Pflanzen oder ein Umbrechen. Ein Umbrechen muss nicht ganzflächig erfolgen, oft reicht eine Bearbeitung im Unterstockbereich. Bei einer Reihenanlage reicht oft das Umbrechen jeder zweiten Fahrgasse. Bei einem einzelnen oder ein paar wenigen Weinstöcken wird man – wie bei einer Baumscheibe – den Unterstockbereich mittels Haue bewuchsfrei halten. Bei anhaltender Trockenheit sollten diese Maßnahmen wiederholt werden.

Eine Bearbeitung des Bodens bewirkt gleichzeitig eine Auflockerung und gute Durchlüftung. Dies regt das Bodenleben an. Dadurch werden Nährstoffe freigesetzt, die dem Weinstock dann zur Verfügung stehen und dessen Wachstum fördern.

Ein gut durchlüfteter Boden erwärmt sich schneller und Regenwasser kann leichter aufgenommen werden als bei z.B. verkrusteten und harten Böden.

Die oberflächliche Bearbeitung verhindert außerdem das kapillare Aufsteigen von Wasser in die oberste Bodenschicht und ist dadurch ein guter Verdunstungsschutz. So könnte man meinen, dass der offene Boden das beste Bodenpflegesystem ist, aber bei Erosionsgefährdung besteht die Gefahr, dass der Boden samt Nährstoffen bei jedem Gewitter abgeschwemmt wird.

Nach Niederschlagsereignissen ist ein offener Boden länger nicht begeh- oder befahrbar als begrünte Flächen. Weiters forciert die ständige Bearbeitung den Humusabbau und führt langfristig zu einer Verarmung und Strukturverschlechterung des Bodens. Somit ist eine ständige Offenhaltung des Bodens nicht empfehlenswert.

Deswegen wird in Zeiten mit geringer oder keiner Wasser- und Nährstoffkonkurrenz begrünt, eine Teilzeit-Begrünung. Dadurch kann der Humusgehalt im Boden wieder erhöht werden. Begrünungen können durch das Einsäen von Gründüngungs-Mischungen oder durch eine „Naturbegrünung" (aus dem Samenpotential des Bodens) erfolgen.

Wenn **Begrünungen** eingesät werden, sollten diese möglichst vielfältig sein, um vielen Lebewesen und Nützlingen einen Lebensraum zu bieten - Stichwort **Biodiversität**. Begrünungspflanzen sollten den Boden gut durchwurzeln, sich rasch entwickeln, den Boden beschatten. Sie dürfen den Weinstöcken aber keine Konkurrenz machen. Bei Stickstoffmangel (schwächerer Wuchs) im Boden wird man zusätzlich Leguminosen (Hülsenfrüchte) verwenden, welche Stickstoff aus der Luft binden und den Rebstöcken zur Verfügung stellen können.

Wenn Begrünungen gemäht werden, dann soll das Mähgut liegen gelassen oder zum Abdecken im Unterstockbereich verwendet werden. Auf keinen Fall abtransportieren, da sonst dem Bodenleben die Nahrung fehlt und unnötig Nährstoffe entzogen werden.

Zur Bodenabdeckung kann geschnittenes Gras, Stroh oder Laub verwendet werden. Vor allem in trockenen Gebieten ist das ein guter Erosions- und Verdunstungsschutz, der keine Wasserkonkurrenz zur Rebe darstellt.

Eine Begrünung im Weingarten ist nicht nur schön anzusehen, sondern auch Zuhause für unzählige Nützlinge.

Die eingebrachte Mulchschicht ist wie eine organische Düngung, aus der dem Boden langsam Nährstoffe zugeführt werden. Gleichzeitig wird das Bodenleben gefördert.

In Steillagen kann eine Abdeckung nur in der Rebzeile, aber nicht in der Fahrgasse, durchgeführt werden – wegen Rutschgefahr von Zuggeräten. Der Boden bleibt unter der Abdeckung länger feucht, dies kann beim Befahren zu Verdichtungen und nachfolgend zu Chlorosen führen. Chlorosen sind gelbliche Blattveränderungen v.a. an den jungen Blättern und entstehen, wenn die Pflanzen den Nährstoff Eisen durch ungünstige Bodenbedingungen nicht aufnehmen können.

Düngung

Der Weinstock ist eine sehr genügsame Pflanze, auch in Bezug auf Düngung. In jedem normal fruchtbaren Boden ist keine zusätzliche Düngung nötig. Denn eine Überdüngung kann genauso schädlich sein wie ein Mangel. Die Rebwurzeln können sich die Nährstoffe auch in tieferen Schichten erschließen. Erst wenn das Wachstum zurückbleibt und die Pflanze Mangelerscheinungen zeigt, sollten Maßnahmen ergriffen werden. Eine Bodenuntersuchung kann einen wertvollen Aufschluss über die Nährstoffversorgung des Bodens liefern.

Was dem Boden entnommen wird, sollte wieder zugeführt werden. Alles organische Material – wie Blätter oder gehäckseltes Rebholz –, das während der Kulturarbeiten im Laufe des Jahres weggebrochen oder weggeschnitten wird, bleibt im Weingarten. Da nur die Trauben aus dem Weingarten wegtransportiert werden, bleibt lediglich dieser Entzug, der ergänzt werden muss. Dies geschieht größtenteils durch Eintrag von Stickstoff aus der Luft bzw. durch Nachlieferung bei Bodenentstehung aus dem Ausgangsmaterial (Kalium). Daher ergibt sich ein relativ geringer Düngungsbedarf, außer der Ertrag wird besonders forciert.

Als Dünger für den Weingartenboden eignet sich z.B. Pferdemist.

Sonja: „Während der Weinlese bringen wir gleich nach dem Entleeren der Weinpresse die verbleibenden Weintrester wieder als Dünger in den Weingarten zurück.“

Das Ausbringen von Wirtschaftsdüngern (wie z.B. Pferdemist) trägt zum Humusaufbau bei und verbessert dadurch nicht nur die Nährstoffversorgung, sondern auch die Bodenstruktur und damit auch die Wasserspeicherung. Die Ausbringung kann im Herbst nach der Ernte oder im Frühjahr erfolgen und sollte gleich seicht eingearbeitet werden. Ein Zuviel wirkt sich wie bei allem schädlich aus. Besonders Stickstoff-Überdüngung führt zu übermäßigem Triebwachstum, vermindert die Holzreife und sorgt für eine höhere Anfälligkeit von Krankheiten. Weiters wird Stickstoff in Form von Nitrat ins Grundwasser ausgewaschen und gefährdet dadurch unser Trinkwasser.

Nach der Weinlese werden die Rebstöcke mit Erde angehäufelt.

Anhäufeln kann man mit dem Spaten oder bei größeren Flächen z.B. mit einem Scheibenpflug.

Maschinelle Unterstockbearbeitung.

Bodenpflege bei Junganlagen

Der Bereich rund um junge Weinstöcke oder in Reihenanlagen die gesamte Pflanzreihe soll unbedingt unkrautfrei gehalten werden, damit keine Konkurrenz um Nährstoffe und Wasser entsteht. Erst langsam entwickelt der junge Weinstock sein Wurzelsystem und damit auch seine Versorgung aus tieferen Bodenschichten. Deswegen sollte bei Trockenheit im Pflanzjahr auch öfters gegossen werden.

Zwischen den Reihen kann man eine Begrünung einsäen und dies für den Humusaufbau nützen. Eine Begrünung der Fahrgasse in der Junganlage stellt für die Weinreben keine Konkurrenz dar.

Bodenpflege im Herbst/Winter

Nach der Weinlese wird das Anhäufeln der Rebstöcke mittels Spaten oder Pflug empfohlen. Das schützt die Veredelungsstelle vor Winterfrost und ist gleichzeitig eine gute Unterstockbearbeitung. Im darauffolgenden Frühjahr wird der Damm wieder abgeräumt und eingeebnet, am besten mit einer Weingartenhaue oder mit einem Stockräumgerät am Traktor.

Pflanzenschutz

Einführung

Um gesunde Trauben zu ernten und die Rebstöcke vital zu erhalten, müssen v.a. europäische Reben während der Vegetationsperiode vor Krankheiten und Schädlingen geschützt werden. Ohne Pflanzenschutz-Maßnahmen gegen die eingeschleppten Pilzerkrankungen (v.a. Echter und Falscher Mehltau) wären die Europäerreben langfristig nicht überlebensfähig. Dies gilt auch für den biologischen Anbau, bei dem die Weinreben mit natürlichen Mitteln vorbeugend geschützt werden.

Das Thema Pflanzenschutz umfasst aber auch den Schutz der Pflanzen vor Frost, Hagel, Wildverbiss oder Vogelfraß. Um den Aufwand für Pflanzenschutz möglichst gering zu halten, sollten natürliche Regulationsmechanismen genutzt werden. Mit der Wahl der Sorte und des Standortes kann der Aufwand bereits deutlich reduziert werden. Vor allem mit widerstandsfähigen PIWI-Sorten (→ siehe Seite 31) kann man im Hobbybereich größtenteils ohne Pflanzenschutzmaßnahmen auskommen. Voraussetzung dafür ist eine gut durchlüftete und lockere Laubwand.

Generell gilt, dass gesunde und vitale Pflanzen eine bessere Widerstandskraft besitzen als Pflanzen, die unter Stress stehen – durch zu viel Ertrag, Trockenheit und anderes.

Diese Faktoren müssen auch im Erwerbsanbau berücksichtigt werden, und je nach Widerstandskraft der PIWI-Sorten kommt man mit einigen wenigen Pflanzenschutz-Maßnahmen aus. Bei klassischen Europäerrebsorten ist jedoch ein umfassender Pflanzenschutz je nach Witterung nötig.

Schutz vor ungünstigen Witterungsbedingungen

Hagel

Einzelstöcke kann man mit Decken oder Vlies vor größeren Schäden schützen. In Gebieten, wo vermehrt Hagel auftritt, ist zu überlegen, ob man den Aufwand und die Kosten für ein Hagelschutzgitter eingeht. Diese Netze sind im Handel erwerblich und bedürfen einer einmaligen größeren Investition. Sie haben eine Lebensdauer von ca. 20–30 Jahren.

Hagelschutzgitter schützen nicht nur vor Hagel, sondern auch vor Wild- und Vogelfraß.

Egal zu welcher Zeit der Hagel eingetroffen ist, ob zur Zeit des Austriebes oder kurz vor der Weinernte, es ist auf jeden Fall für den Weinstock ein großer Schock, von dem er sich erst erholen muss. Es sollen keinesfalls weitere Blätter entfernt werden. Aufgrund der Verletzungen und des dadurch möglichen Eindringens von Pilzerkrankungen sollte nach dem Hagel eine Behandlung mit einem austrocknenden Pflanzen-Stärkungsmittel vorgenommen werden. Als austrocknendes Pflanzen-Stärkungsmittel wird meistens Kaliumhydrogencarbonat (Backpulver) oder auch Kalium-Wasserglas (z.B. PottaSol) verwendet. Anwendungshinweise bitte beachten.

Wenn der Weinstock stark angeschlagen ist, kann eine Noternte durchgeführt oder die Trauben zu Boden geschnitten werden, um ihn zu entlasten. Falls Reben angeschlagen oder abgebrochen sind, muss im darauffolgenden Frühjahr der Weinschnitt sehr vorsichtig vorgenommen werden. Eventuell werden nur Zapfen angeschnitten und erst im darauffolgenden Jahr wie gewohnt geschnitten.

Spätfrost

Nach dem Austrieb im Frühjahr, besonders zwischen April und Mai, kann es öfters noch kalte Frostnächte geben. In Spätfrost gefährdeten Lagen muss man besonders achtsam sein. Es gibt leichte

Frostschaden an jungen Trieben.

Sortenunterschiede, aber bei einem relativ späten Frostereignis können alle Sorten betroffen sein.

Frostrute bei Spätfrost

Mit der Zeit hat man Erfahrung hinsichtlich der Frostgefahr in der eigenen Anlage. Wenn immer wieder Frostgefahr besteht, dann schneidet man wie üblich und zusätzlich in der Mitte des Weinstocks eine längere Rute an. Die Strecker werden – bis auf die Frostrute – wie gewohnt gebunden. Die Frostrute kann nach der letztmöglichen Frostgefahr weggeschnitten oder bei Bedarf gebunden werden.

Schutz durch Vlies

Man kann ein oder mehrere Vliesschichten über den Weinstock geben, eventuell mit Klammern befestigen. Das ist eine schnelle und günstige Art und Weise, um den Stock zu schützen. Dies kann die Minusgrade etwa um 2 °C mildern.

Räuchern

Befeuchtetes Stroh oder Laub wird entzündet, um eine entsprechende Rauchentwicklung zu erzeugen. Der Rauch verhindert am frühen Morgen eine eventuell zu schnelle Erwärmung der Zellen in den Pflanzen, da diese Zellen sonst aufplatzen würden. Dabei sind alle rechtlichen Bestimmungen und Meldepflichten vorher abzuklären.

Flächenheizung

Frostkerzen oder kleine Öfen verhindern das Absinken der Temperaturen unter Null im bodennahen Bereich.

Beregnung

Vor allem zu Tagesanbruch, wenn die Sonne gerade aufgeht und die Dämmerung beginnt, gibt es einen kritischen Punkt, an dem die Zellwände zu platzen drohen. Durch ständige Berieselung mit Wasser wird die Pflanze durch die Erstarrungswärme (die frei wird, wenn Wasser gefriert) geschützt.

Marienkäfer und ihre Larven sind fleißige Helfer im Bioweingarten.

Nützlinge und Schädlinge in unseren Gärten!

Nützlinge

Nützlinge sind natürliche Gegenspieler der Schädlinge. Die biologische Bekämpfung erfolgt aufgrund eines Räuber-Beute-Verhältnisses oder einer Parasit-Wirt-Beziehung. Der Räuber ist in diesem Fall der Nützling, der aktiv suchend die Schädlinge (Beutetiere) frisst und die befallenen Pflanzen entlastet, ohne selbst schädigend zu wirken. Der Nützlings-Parasit pflanzt sich auf oder meist im Körper des Schädlings fort. Er parasitiert diesen und tötet ihn in Folge ab.

Einige Nützlinge, die im Weinbau wichtig sind: Spinnen, Raubmilben, Marienkäfer, Ohrwürmer, Schlupfwespen, Erzwespen.

Um den Nützlingen einen attraktiven Lebens- bzw. Rückzugsraum zu geben, sind vielfältige Landschaften mit Böschungen und Rainen, aber auch vielfältige Begrünungen und biologisches Bewirtschaften notwendig. In sauberen und ausgeräumten „Ökosystemen" mit nur einer Monokultur haben viele Nützlinge und andere Tiere keinen Lebensraum.

Reblaus

Die Reblaus ist sicher einer der gefährlichsten Schädlinge im Weinbau. Durch die Entwicklung der Veredelung auf amerikanische Unterlagsreben (→ siehe Seite 46) wurde eine wirksame Strategie gefunden, um der Reblaus Einhalt zu gebieten. Beim Kauf von Weinreben auf eine reblausresistente Unterlagsrebe achten. Außer der Veredelung gibt es bis jetzt kein wirksames, zugelassenes Gegenmittel gegen den Schädling.

Traubenwickler, auch Heuwurm, Sauerwurm

Es handelt sich um Falter, die in zwei Formen vorkommen – den Einbindigen und den Bekreuzten Traubenwickler – aber sie haben dasselbe Schadbild.

Die Larven der ersten Generation des Traubenwicklers fressen an den Gescheinen vor der Blüte und reduzieren die Anzahl der Beeren. Der Weinstock kann den Verlust von einigen Beeren sehr gut ausgleichen, im Normalfall entsteht dadurch kein Schaden, außer bei extrem starkem Befall.

Pheromonfallen.

Die Larven der zweiten Generation fressen an den Beeren und beschädigen diese. Die dadurch entstehenden Verletzungen sind Eintrittspforten für Fäulnis und führen zu Mengen- und Qualitätsverlust.

Bei entlegenen Lagen und Einzelstöcken wird der Traubenwickler vermutlich kein Thema sein. In traditionellen Weinregionen muss man mit dem Auftreten des Traubenwicklers rechnen.

In der Praxis gibt es eine gute Möglichkeit zur biologischen Bekämpfung des Traubenwicklers, und zwar indem der Schädling mit Sexualduftstoffen (Pheromonen) verwirrt wird. Der Duftstoff, den das Weibchen abgibt, um vom Männchen gefunden zu werden, wird in Form von Dispensern in der ganzen Anlage ausgebracht. Damit riecht der ganze Weingarten nach Weibchen und die Männchen sind so verwirrt, dass es zu keiner Begattung und Befruchtung kommt. Diese Verwirrungsmethode ist nur bei großen, zusammenhängenden Flächen sinnvoll.

Toni: „Aus eigener Erfahrung wissen wir hier in Straning und Umgebung, dass diese ökologische Methode die besten und sichersten Ergebnisse liefert."

Wenn dies nicht möglich ist, dann kann ein biologisches Bakterien-Präparat namens Bacillus thuringiensis eingesetzt werden. Dieses wird üblicherweise mit etwas Zucker ausgebracht und von den jungen Larven aufgenommen, die daran zugrunde gehen. Diese Methode funktioniert nur dann, wenn das Mittel zum richtigen Zeitpunkt des Raupenschlupfes ausgebracht und nach einer Woche wiederholt wird. Es handelt sich dabei um eine sehr selektive Bekämpfung, bei der Nützlinge geschont werden.

Eine beschädigte Knospe.

Pockenmilbenbefall an Vorder- und Rückseite.

Knospenschädlinge

wie Erdraupen treten gelegentlich im Frühjahr während des Austriebes auf und fressen die Knospen aus. Dadurch können stellenweise große Ertragsausfälle entstehen. Die Raupen halten sich tagsüber im Boden auf und können durch eine Bodenbearbeitung in der Rebzeile vermindert werden. Es können auch Leimringe am Stamm und Unterstützungsgerüst angebracht werden, um ein Aufwandern zu verhindern. Auch ein Absammeln in der Nacht ist möglich.

Pockenmilbe und Kräuselmilbe

Die ausgewachsenen Tiere überwintern unter der Knospenschuppe. Im Frühjahr leben die nur 0,15 mm kleinen Milben an der Blattunterseite und saugen daran. Deswegen entstehen an der Blattoberseite starke Verkräuselungen.

Bei geringem Befall ist nichts zu unternehmen, nur bei stärkerem Befall ist es sinnvoll, Raubmilben (Typhlodromus pyri) einzusetzen, die im Handel unter dem Namen „Tyron" erhältlich sind.

Fruchtfliege/Obstfliege

Fruchtfliegen siedeln sich an bereits verletzten Beeren an. Sie übertragen Essig-Bakterien durch die Nahrungsaufnahme. Eine indirekte Bekämpfung kann nur durch die Verhinderung von Beeren-Verletzungen, wie sie z.B. durch Vögel oder Wepsen entstehen, erfolgen. Bei der Ernte auf großzügiges Ausschneiden der befallenen Trauben achten.

Die Kirschessig-Fliege, aus Asien stammend, kann die Traubenschale selbstständig durchdringen und sorgt ebenso für eine Einschleppung von Essig-Bakterien. Das Freistellen der Trauben von Blättern hat sich als vorteilhaft erwiesen. Befallene Trauben sollten ebenfalls wieder sorgsam ausgeschnitten werden.

Wie GärtnerInnen wissen, knabbern Reh, Hase und Kaninchen gerne am saftigen Grün. Dagegen hilft ein Wildschutzgitter.

Aber auch Richtung Himmel warten hungrige Vögelchen. Hier kann ein Vogelschutznetz Abhilfe schaffen.

Wild wie Rehe, Hasen, Kaninchen

können vor allem bei Jungreben großen Schaden anrichten. Hasengitter oder Drahtgeflechte dienen zum Schutz.

Sonja: „Wir hängen in unsere Weingärten zusätzlich auch frisch geschorene Schafwolle, um beim Wild, zumindest für eine kurze Zeit, für eine Duft-Irritation zu sorgen."

Vögel

Die gefiederten Freunde können mit Vogelscheuchen oder beweglichen Bändern manchmal verschreckt werden. Sie können den Weinstock aber auch mit Netzen schützen. In unserem Gebiet richten vor allem Stare in Schwärmen teilweise große Schäden an. In Österreich sind Stare eine geschützte Vogelart und dürfen deswegen nur vergrämt werden.

Asiatischer Marienkäfer

Eigentlich wurde der aus Asien stammende Marienkäfer importiert, um dem Milbenbefall in Gewächshäusern biologisch entgegenzusteuern. Leider vermehrte sich dieser Nützling unkontrolliert und ist nunmehr in Österreich und angrenzenden Ländern anzutreffen, teilweise sehr invasiv.

Der asiatische Marienkäfer ähnelt den heimischen Arten, ist meistens nur etwas größer und besitzt eine größere Anzahl von Punkten.

Der asiatische Marienkäfer schädigt die Trauben nicht, sondern lebt und verkriecht sich dort. Das kann gerade bei Massenauftreten zu Problemen führen.

Wespen

Wespen fressen an den süßen Trauben, wodurch schädigende Bakterien und Pilze eindringen können. Als Hobbywinzer können Sie engmaschige Säckchen über die Trauben stülpen, um die Beeren zu schützen. Bei der Traubenernte sind befallene Trauben – optisch durch Löcher oder geruchlich durch einen Essigstich oder -ton erkennbar – großzügig wegzuschneiden.

Krankheiten

Bei der Anwendung von Pflanzenschutzmitteln sind die aktuellen Pflanzenschutzbestimmungen und Registrierungs-Auflagen genauestens einzuhalten. Für den Erwerb und die Anwendung von Pflanzenschutzmitteln ist ein Sachkunde-Ausweis erforderlich. Dieser kann in Österreich über die Landwirtschaftskammer beantragt werden. Erlaubte Präparate für den Bioanbau erfahren Sie bei den zuständigen Beratungsstellen der Bioverbände, der Landwirtschaftskammer, des Rebschutzdienstes, unter Biohelp (in Österreich) sowie unter http://www.infoxgen.com.

Echter Mehltau (Oidium)

Beim Echten Mehltau erfolgt ein Befall durch Sporen zwischen Mai und September. Dieser tritt eher in trockenen und heißen Jahren auf. Der Pilz überzieht Blätter und Triebe mit einem mehlig-weißen Belag, breitet sich aus, das Laub kräuselt sich, vertrocknet und fällt ab. Die Beeren platzen auf und die Samen werden sichtbar (Samenbruch). Ein Totalausfall am Weinstock ist möglich. Auch am Rebholz sind deutliche Spuren, graublaue bis violette Flecken, erkennbar. Dieser Pilz überwintert gerne im Holz und in den Knospen, im Folgejahr ist der Krankheitsdruck dann verstärkt.

Licht und Luft verringern den Befall, gute Laubarbeit ist erforderlich. Auch das Erziehungs- und Schnittsystem hat einen Einfluss auf die Verteilung der Laubwand.

Bei entsprechender Ausbildung (Sachkunde-Ausweis) und keinem anderen Ausweg sollte bei Befall im Vorjahr im 3–5-Blatt-Stadium mit Netzschwefel begonnen und danach, je nach Beratung oder Warndienst, wiederholt werden.

Um und kurz nach der Blüte ist die empfindlichste Zeit für eine Infektion, deswegen muss hier besonders sorgsam darauf geachtet werden. Bei stärkerem Infektionsdruck wird Netzschwefel mit einem „Backpulver-Präparat" (z.B. Vitisan) und einem Netzmittel (z.B. Kokos-Schmierseife = Cocana) verwendet.

Schadbild bei Echtem Mehltau: weißmehliger Überzug.

Falscher Mehltau (Peronospora)

Dieser Pilz tritt gerne bei feuchter Witterung auf. Während der Vegetationszeit können sich auf den Blättern gelblich-ölige Flecken zeigen, die sich an der Blattunterseite zu einem schmutzig-weißen Pilzrasen entwickeln. Werden die Trauben befallen, verfärben sie sich blaugrau bis bräunlich und schrumpfen ein – Lederbeeren.

Der Pilz fühlt sich bei anhaltend feuchtem Wetter wohl und kann sich sehr rasch ausbreiten. Für die Infektion wird Blattnässe benötigt. Die Inkubationszeit kann von einigen Tagen bis zu zwei Wochen dauern, abhängig von der Temperatur. Die Inkubationszeit ist der Zeitraum von der Infektion bis zum Sichtbarwerden des Befalls.

Falscher Mehltau.

Wenn möglich, am besten die Weinstöcke an einen luftigen Standort pflanzen, an dem die Laubwand nach einem Regen rasch abtrocknen kann, Staulagen sind ungeeignet. Rebschnitt und Erziehung spielen auch hier wieder eine große Rolle: Da die Infektion vom Boden aus erfolgt, sind höhere Erziehungsarten von Vorteil.

Die Behandlung erfolgt mit Tonerde-Präparaten oder bei stärkerem Befallsdruck mit Kupfer-Präparaten. Achten Sie wieder auf die Pflanzenschutzbestimmungen.

Grauschimmelpilz (Botrytis)

Dieser Pilz kann bei feuchter und warmer Witterung, in unterschiedlichen Entwicklungsstadien, auftreten, etwa bereits vor der Blüte an den jungen Gescheinen, wo einzelne Traubenanlagen schrumpfen und vertrocknen – Gescheins-Botrytis. Dieser Verlust wird meist durch die verbleibenden Gescheine ausgeglichen. Tritt der Pilz an den noch unreifen Trauben auf, so spricht man von Sauerfäule. Die Trauben verfaulen und werden unbrauchbar. Tritt der Pilz bei reiferen oder

Edelfäule.

reifen Trauben auf, dann nennt man dies „Edelfäule". Das ist für manche Weintypen durchaus erwünscht, z.B. Beerenauslese. Für primär-fruchtige Weine oder in der Rotwein-Produktion wirkt sich die Edelfäule jedoch nachteilig aus.

Wichtig für die Gesunderhaltung der Trauben ist, dass ab Sommer keine übermäßige Stickstoff-Freisetzung aus dem Boden stattfindet (richtige Bodenpflege, → siehe Seite 86). Auf jeden Fall sollten Beeren-Verletzungen (durch Sauerwurm, gegenseitiges Aufdrücken der Beeren etc.) verhindert werden, weil dies Eintrittspforten für den Botrytis-Pilz sind.

Schwarzfleckenkrankheit (Phomopsis)

Dieser Pilz befällt Blätter und grüne Rebteile. Die Blätter kräuseln sich, verfärben sich gelb und fallen anschließend ab. An den Trieben und am Stielgerüst entstehen schwarze Flecken, die später zu länglichen Schiffchen aufreißen. Mit der Zeit kommt es dann zur immer stärker werdenden Verkahlung und langfristig zur Vermorschung und dem Absterben des Weinstocks.

Beim Rebschnitt muss pilzbefallenes Rebmaterial entfernt werden. Das erkrankte Holz zeigt sich silbrig-weiß und sollte beim Rebschnitt möglichst nicht verwendet werden. Dieser Pilz wird gleichzeitig mit einer frühen Oidium-Bekämpfung mit Netzschwefel mitbekämpft (→ siehe Seite 96).

Natürliche Stärkungsmittel

Generell wirken sich Anwendungen verschiedenster Extrakte aus Pflanzen wie Ackerschachtelhalm, Kamille, Baldrian, Schafgarbe, Beinwell, Rainfarn, Knoblauch, Basilikum, Brennnesseln etc. positiv auf die Widerstandsfähigkeit gegen (Pilz-)Erkrankungen aus. Eine dieser Pflanzen möchten wir besonders hervorheben - den Ackerschachtelhalm.

Ackerschachtelhalm/Zinnkraut (Equisetum arvense)

ist ein effektives Mittel zur Pflanzenstärkung gegen Pilzerkrankungen. Die natürliche Kieselsäure festigt die Zellwände und die Epidermis (oberste Blattschicht) und stärkt somit die Pflanzen. Aus dem Ackerschachtelhalm können Auszüge, Jauchen, Brühen oder Tees angesetzt und im Bedarfsfall regelmäßig angewendet werden.

Falls es sich zeigen sollte, dass der Pilzbelag jährlich vorkommt, dann sollte unbedingt schon vorbeugend mit der Behandlung begonnen werden - mit wöchentlichem Spritzintervall.

Mittlerweile gibt es viele Pflanzenstärkungs-Präparate fertig im Handel zu kaufen (wie z.B. Equisetum Plus), die unterschiedliche Anwendungszeiträume haben.

Möchte jemand selbst tätig sein, hier eine kleine Anleitung:

Die Auszüge kann man „sortenrein" oder auch mit anderen Kräutern wie z.B. Beinwell ansetzen. Je nachdem, wie schnell ein Auszug verfügbar und notwendig ist, unterscheidet man zwischen Kaltwasserauszug, Tees oder Brühen. Das Verhältnis von Pflanze zu Wasser ist üblicherweise 1:10, kann aber auch variiert werden. Der Unterschied liegt nur in der „Standzeit" bzw. in der Erwärmung:

- Kaltwasserauszug: Zerkleinerte Pflanzenteile werden mit Wasser vermischt und mindestens zwölf Stunden, maximal 3 Tage, im Gefäß stehen gelassen. Dabei immer wieder umrühren.
- Tees: Zerkleinerte Pflanzenteile werden mit kochendem Wasser überbrüht und zwischen 30–60 Minuten lang ziehen gelassen.
- Brühen: Zerkleinerte Pflanzenteile werden 24 Stunden eingeweicht und dann 30 Minuten lang geköchelt und abgeseiht.
- Jauche: Ein Beispiel für die Zubereitung: 1 kg zerkleinerte Pflanzenteile mit 10 l Wasser vermischen und immer wieder umrühren. Um den schlechten Geruch zu unterbinden, kann Urgesteinsmehl daruntergemischt werden. Nach 3 Wochen sind die Pflanzenteile fast alle zersetzt und die Jauche kann auf 100 l verdünnt und ausgebracht werden. Pflanzenjauchen sollten nicht in der größten Mittagshitze ausgebracht werden, da Verbrennungsgefahr bei Pflanzen besteht.

Mischkulturen und Gründüngungen fördern die Vielfal

Begleitpflanzen – mit Wein kombiniert

Wein wächst hervorragend mit Obst und Gemüse: Und wer einmal zu viel angepflanzt hat, darf die Ernte gerne einkochen oder verschenken.

Arche Noah-Vielfaltsgarten in Schiltern: Es lebe die Biodiversität.

Der Hausgarten einst & heute

Der Weingarten um die Zeit von ca. 1860 (noch vor Einschleppung der Reblaus und der Pilzerkrankungen) war keineswegs vergleichbar mit den heutigen Weinkulturen.

Die Bearbeitung des Weingartens erfolgte damals größtenteils noch händisch mit der Hacke oder Feldhaue (Weingartenhaue), eventuell noch mit dem Pferd. Grund und Boden waren kostbar, und so nutzte man jeden Quadratmeter, den man besaß, gut aus. Der Anbau erfolgte nach natürlichen biologischen Grundsätzen, um den Boden zu nutzen und auch um Unkraut zu unterdrücken.

Mit der Umstellung der Weingärten von der Stockkultur auf Hochkultur und mit größerem Reihenabstand wurde teilweise die freie Fläche (zwischen den Reihen) zum Anbau von Kartoffeln, Rüben oder Kürbissen genutzt. Dies war eine praktische Doppelnutzung, quasi eine Mischkultur, die man heute nur mehr im Hobbybereich findet.

Gemüse-Weingarten-Bepflanzung

Warum also nicht in Ihrem Hausgarten eine oder mehrere Weingartenzeilen nach Spalier-Erziehung (→ siehe Seite 56) anlegen? Dadurch können Sie Gemüse im unteren sowie im Reihenzwischenbereich und Trauben im oberen Bereich ernten.

In einem Haus-Wein-Garten kann man natürlich setzen, was man möchte. Jedes Gemüse, das dem Weinstock nicht schadet, kann gepflanzt werden, dies gilt auch für Blumen und Kräuter. Der Platz unter den Weinstöcken kann mit niedrigen Pflanzen wie Salat, Radieschen, Paprika oder Kräutern bepflanzt werden. Der Bereich zwischen den Weingartenzeilen kann für höheres Gemüse wie Tomaten, Mangold oder Kürbis genutzt werden. Wie jeder Biogärtner weiß, sollte die Bodenkrume bedeckt sein, warum also nicht mit Gemüse bepflanzen? Das Regulieren des Beikrauts ist sowohl in einem Hausgarten als auch im Weingarten notwendig und bleibt einem nicht erspart – deswegen finden wir die Kombination ideal.

Sonja: „Gerne verwende ich die Trester (→ siehe Seite 121) als Mulchauflage und organischen Dünger für die Gemüsepflanzen."

Ein jung ausgepflanzter Weinstock oder Weingarten braucht noch Kraft, um sich gut zu bewurzeln. Deswegen empfehlen wir bei einer Junganlage in Spalier-Erziehung, nur den Raum zwischen den Weingartenzeilen zu nutzen. Ist der Weinstock schon etwas älter, kann sowohl zwischen den Rebzeilen als auch zwischen den Weinstöcken gepflanzt werden. Es soll aber niemals eine Konkurrenz zum Weinstock entstehen. Günstig ist auch, dass die Laubwand eines Weinstocks oder einer Weingartenzeile nie so dicht ist, dass Pflanzen daneben oder darunter das Sonnenlicht „genommen" wird. Natürlich sind alle Regeln der Biogärtnerei auch im Gemüse-Weingarten zu beachten, d.h. Starkzehrern immer einen neuen Platz geben, Mischkulturen beachten, wenn möglich nach Mondphasen bepflanzen usw.

Kompost aus Trestern für Chili-Jungpflanze.

Ein Garten, in dem Wein, Gemüse und Kräuter wachsen, muss nicht groß sein. Auch auf kleinem Platz kann man sich bestens mit selbst angebauten Lieblingspflanzen versorgen.

Sonja: „Sehr arbeitserleichternd wirkt sich das Aufbringen einer dicken Mulchschicht aus, die ich gleich nach der Bepflanzung aufbringe. Die Pflanzen sind dadurch vor dem Austrocknen geschützt und die Beikräuter werden unterdrückt."

Obst & Wein

Johannisbeeren/Ribiseln (*Ribes* sp.)

Wie wir bereits beschrieben haben, kam um die Jahrhundertwende die Reblaus nach Österreich. Innerhalb kürzester Zeit waren viele „Weinhauer" davon betroffen. Die Umstellung der Veredelung der Rebstöcke auf amerikanische Unterlagsreben dauerte einige Jahrzehnte (→ siehe auch Seite 46). Einige Weinbauern fanden eine Alternative: Sie pflanzten stattdessen Johannisbeeren (Ribiseln) und bereiteten daraus Wein.

Praktischerweise konnte die Vermehrung der Johannisbeeren mittels Stecklingen leicht selbst gemacht werden. Die Pflanze war relativ schnell im Ertrag und die vorhandenen Weinpressen, Fässer, Schläuche konnten gut genutzt werden.

So entstand vor allem im Raum Klosterneuburg und Tulln statt der bisher gewohnten Weinkultur eine neue – die Ribisel-Kultur. Es wurden die frischen Johannisbeeren als Beerenobst auf den zahlreichen Märkten in Wien verkauft und der Saft frisch oder vergoren als Ribiselwein angeboten. Die gemütlichen, kleinen Familien-Heurigen, wo der Ausschank der eigenen Weine erlaubt war, konnten somit in etwas abgewandelter Form weiter betrieben und manche finanzielle Einbuße gemildert werden.

Nordwestlich von Wien, bei Klosterneuburg, gibt es eine Ortschaft namens Kritzendorf. Nach diesem Ort wurde eine spezielle Ribisel-Sorte benannt – die ‚Kritzendorfer Ribisel'. Bei dieser Sorte handelt es sich um große, kirschrot gefärbte, rundliche und sehr aromatische Ribisel.

Zwischen 1860 und 1920 wuchs der Johannisbeeranbau in Kritzendorf von 3 auf 25 Hektar, mit der ‚Kritzendorfer' als Hauptsorte. Heute ist diese Sorte kaum mehr bekannt und wird in wenigen Baumschulen geführt.

Als dann die veredelten amerikanischen Unterlagsreben wieder auf den Markt kamen, verschwanden die Ribiselkulturen langsam wieder. Heute gibt es nur mehr wenige Original-Ribiselstöcke der ‚Kritzendorfer Ribisel'.

Wir finden diese ehemalige Ribisel-Tradition eine wunderbare „Geschichte", und sie zeigt den Erfindungsreichtum der damaligen Weinhauer. Heutzutage kann natürlich jede Ribiselsorte zu einem bereits älteren Weinstock gepflanzt werden. Aber vor allem alte Sorten haben ihre Geschichte und vor allem Geschmack! Da Ribiselstöcke durchaus alt und vor allem hoch werden können, empfehlen wir die Bepflanzung am Beginn einer Weingartenzeile.

Erdbeeren/Pröbstlinge (*fragaria* sp.)

Moschus-Erdbeeren (*Fragaria moschata*)

Bei diesen in der Natur wachsenden wilden Erdbeeren handelt es sich um sogenannte Moschus-Erdbeeren. Der Name stammt vom intensiven Duft der reifen Früchte. Diese wilden Erdbeeren sind meistens zweihäusig, d.h. es gibt getrennt männliche und weibliche Pflanzen, wobei die Letzteren oft in der Überzahl sind. Deshalb sieht man diese Erdbeerart im Frühjahr oft wunderschön blühen, aber dann keine Früchte tragen. Falls Sie einmal das Glück haben sollten, bei einem Spaziergang durch die Weingärten eine kleine dunkelrote Erdbeer-Frucht zu finden, dann sollten sie diese unbedingt kosten. Sie besitzt ein herrlich intensives Aroma.

Moschus-Erdbeeren im Weingarten: ein wahrer Genuss.

Natürlich kann aber jede Art von Erdbeeren zu den Weinstöcken gesetzt werden. Man achtet darauf, dass das Beikraut sowohl beim Weinstock als auch bei den Erdbeeren im Zaum gehalten wird. Eine Mulchschicht hilft sowohl dem Weinstock als auch den Erdbeeren. Eine perfekte Symbiose ist zusätzlich noch der Weingartenknoblauch zwischen den Erdbeeren unter den Weinstöcken. Knoblauch stärkt die Nachbarpflanzen und braucht auch nicht viel Platz.

Monatserdbeere (*fragaria vesca f. Semperflorens*)

Für den normalen Hausgebrauch und zum Naschen empfehle ich, die Monatserdbeere zu den Weinstöcken zu setzen. Erstens ist man mit vielen kleinen Früchten von Juni bis Oktober versorgt und zweitens sind die Monatserdbeeren meistens ohne Ausläufer, was weniger „Arbeit" bedeutet.

Sonja: „Es gibt auch weißfrüchtige Monatserdbeeren. Eine dieser Sorten nennt sich ‚Baron Solemacher'. Die weißen Früchte schmecken genauso gut wie ihre roten Verwandten."

Quitte (*Cydonia oblonga*)

Wildfrüchte wie wilde Heckenrosen, sogenannte Hagebutten, Schlehen und Quitten waren meist begleitende Wildpflanzen, vor allem an den Böschungen der Weingärten. Auch heute dienen Gehölze wie Pfarrerkapperl (Spindelstrauch), Liguster und andere den Wildtieren und der Vielfalt rund um das Ökosystem Weingarten.

Sonja: „Ich kann mich noch immer an die Ernte der Quitten bei der Weinlese als Kind erinnern. Diese wurden zuerst wegen ihres guten Duftes im Kleiderkasten gelagert, bis nach der Weinlese der Zeitpunkt für die Zubereitung von Quittengelee war."

Weingartenpfirsich (*Prunus persica*)

Es gibt viele verschiedene Sorten von Weingartenpfirsichen – rot-, gelb- oder weißfleischige, aber auch groß-, mittel- und kleinfrüchtige. Welcher Weingartenpfirsich ist nun der echte? Die Antwort ist: alle – es gibt nicht einen Weingartenpfirsichtyp, sondern viele verschiedene, die allesamt einige Gemeinsamkeiten haben: Sie reifen relativ spät, sind kleinfrüchtiger als die veredelte Kulturform, die Schale ist nie völlig glatt und der Geschmack ist meist würziger.

Diese Formen- und Farbenvielfalt liegt an der Art der Vermehrung. Weingartenpfirsiche werden nicht veredelt, sondern über Samen großgezogen. Dadurch entsteht eine große genetische Vielfalt. Zur einfachen Vermehrung nimmt man einen Weingartenpfirsichkern und steckt diesen in die Erde. Mit etwas Glück kommt im nächsten Jahr ein zartes neues Pflänzchen heraus.

Weißfleischige Weingartenpfirsiche schmecken köstlich.

Weingartenpfirsiche am Weingartenrand.

Weingartenpfirsich-Bäumchen sind keine Riesenbäume. Sie wachsen zwar schnell, sind aber eher licht belaubt. Ein solches Pfirsichbäumchen braucht nicht viel Platz und lässt sich somit wunderbar in eine Weingartenzeile im Hausgarten integrieren. Am besten mit 2–3 m Abstand zu einem Endpfahl setzen.

Kürbis und Gemüse im Arche Noah-Vielfaltsgarten.

Kürbisse gedeihen prächtig im Weingarten.

Gemüse & Wein

Kürbis (*Cucurbita* sp.)

Ganz praktisch zwischen den Weingartenzeilen ist eine Bepflanzung mit Kürbissen. Um den 10. Mai jeden Jahres bereiten wir den Boden zwischen den Weingartenzeilen gut vor und entfernen jegliches Unkraut. Danach breiten wir eine ca. 30 cm dicke, aber lockere Mulchschicht aus Stroh darüber. Das Stroh unterdrückt größtenteils das Unkraut, hält gut die Feuchtigkeit und sorgt gleichzeitig für saubere Erntekürbisse im Herbst. Der Samen (oder die Pflanze) kommt dann in den gut versorgten Boden und wird kräftig angegossen. Zur Pflanze geben wir immer einen Stock dazu, damit wir auch im Sommer (wenn die Blätter schon reichlich sind) noch wissen, wo der Wurzelstock zu finden und zu gießen ist. Die jungen Kürbis-Ranken können händisch sehr gut dort hingelegt werden, wo Platz ist.

Meerrettich/Kren (*Armoracia rusticana*)

Meerrettich ist eine ausdauernde und winterharte Wurzelpflanze, die auf fast allen Böden gedeiht. Meistens steht die Pflanze am Rande eines Gartens, auch im Halbschatten, über viele Jahre hinweg.

Die Pflanzung erfolgt am besten im Frühjahr in gute Gartenerde, vermischt mit verrottetem Kompost. Meerrettich hat es gerne etwas feucht und soll unkrautfrei gehalten werden.

Die Ernte erfolgt bei jüngeren Pflanzen im Herbst und bei älteren laufend übers Jahr hinweg mit einem Spaten. Kleine Wurzelteile, die in der Erde bleiben, bewurzeln sich gerne wieder von allein. Wenn man besonders schöne und dicke Meerrettichwurzeln haben möchte, sollte man die unterirdischen Seitentriebe der Pflanze im Juni und Juli wegschneiden.

Für die Extraportion Würze: Meerrettich (Kren) im Weingarten.

Da werden Spargelliebhaberinnen und -liebhaber Augen machen: Auch dieses Gemüse wächst im Weingarten.

Spargel (*Asparagus officinalis*)

Die Spargelkultur ist gar nicht schwierig, man braucht nur Platz, Geduld und einen guten, lockeren und humosen Boden. Es handelt sich bei Spargel um eine Dauerkultur von 10–15 Jahren. Bis es aber so weit ist und man den Spargel ernten kann, dauert es etwas. Von der Spargel-Jungpflanze bis zur ersten Ernte sollen mindestens drei Jahre vergehen.

Abhängig von der Sorte wird die Pflanze ungefähr 1–1,5 m hoch. Dem Spargel muss man wirklich viel Platz einräumen – idealerweise eine Jungpflanze in die Mitte von zwei Weinstöcken oder zu Zeilenbeginn bei einem Weingartenpfahl setzen.

Während des Jahres hält man die Pflanze unkrautfrei, gießt bei Bedarf und gibt eventuell eine leichte Mulchschicht über die Pflanze. Im Herbst wird der Spargel mit Kompost bedeckt. Im Frühjahr wird die Pflanze nochmals gut angehäufelt – und dann heißt es nur noch warten auf den ersehnten Austrieb.

Drei Jahre nach der Pflanzung ist der Spargel für eine Ernte alt genug.

Am einfachsten ist die Entnahme von Grünspargel, d.h. es werden die oberirdischen Teile der Pflanze verwendet, welche roh oder gedünstet gegessen werden können. Die Kultur des Bleichspargels ist etwas komplizierter und bedarf einer Dammkultur. Der Spargel, der von der Erde bedeckt ist und zu dem kein Sonnenlicht gelangt, ist der weiße Bleichspargel.

Je älter der Spargelstock ist, desto öfter kann dieser beerntet werden. Nach einigen Erntedurchgängen lässt man diesen dann auswachsen. Er verholzt – und dann kommt das wunderschöne fein-fiedrige Blatt zutage. Besonders hübsch ist das Spargellaub zur Dekorierung und für Blumensträuße.

Die Vermehrung erfolgt mittels Samen. Man erntet von einem mehrjährigen, bereits großen Spargelstock die roten Samen im Herbst und trocknet diese. Im März werden mehrere Samen in einem kleinen Topf auf einem Fensterbrett warm vorgezogen. Nach den Eisheiligen können die selbst gezogenen Jungpflanzen wieder ins Freie gesetzt werden. Bei kräftigen Mutterpflanzen kann auch eine Wurzelstockteilung gemacht werden.

Sonja: „Uns schmeckt der Grünspargel ganz vorzüglich, er ist auch wesentlich einfacher zur kultivieren als Bleichspargel.“

Safran (*Crocus sativus*)

Safran liebt – so wie der Wein – die Sonne. Ähnlich sind auch die Bodenansprüche, also sandig-lehmig mit guter Nährstoffversorgung und Drainage.

Der Anbau von Safran erfolgt zwischen Mitte August und Mitte September. Die Knollen werden 10 cm tief in den Boden gesetzt. Dabei muss ein Abstand von 10 cm eingehalten werden. Anschließend etwas angießen und fertig. Safran verträgt keine Bewässerung oder Staunässe.

Die Vermehrung erfolgt durch Knollenteilung. Die Blüte erfolgt über Nacht zwischen Mitte Oktober und Ende November. Zur Blütezeit erscheinen auch die grünen, schmalen Blätter. Safran ist winterhart bis minus 20 °C. Ganz genaue Anleitungen und Tipps zum Thema Safran erhalten Sie direkt beim Safranbauern, siehe Kontaktadressen (→ Seite 157).

Safranknollen zum Einsetzen.

Sonja: „Im 17. und 18. Jahrhundert gab es in unserer Region den Safran-Anbau. Die Sorte ‚Maissauer Safran' (Maissau liegt 5 km von uns entfernt) wurde für seine Qualität sehr geschätzt und am Markt in Krems verkauft. Nach einem strengen und schneefreien Winter im Jahre 1911 beendeten viele Bauern den Safrananbau. An diese Tradition erinnert noch heute ein alter Straßenname in Maissau – die Safrangasse."

Kartoffeln/Erdäpfel (*Solanum tuberosum*)

Kartoffeln stellten früher ein wichtiges Hauptnahrungsmittel dar. Mitte Mai werden Kartoffeln ausgepflanzt bzw. auch gelegt. Das heißt, man nimmt Saat-Kartoffeln, gräbt ein Loch von mindestens 10 cm Tiefe, legt eine Kartoffel in die Grube und bedeckt diese mit viel Erde. Dieses Anhäufeln – am besten in einer Reihe mittels Damm – wird während des Jahres mehrere Male wiederholt. Der Pflanzabstand von Pflanze zu Pflanze sollte 30–40 cm, zwischen den Reihen zwischen 50–70 cm sein.

In kälteren Gegenden kann man die Kartoffelknollen auch vorkeimen lassen. Dabei werden die Knollen etwa vier Wochen vor dem Setzen in flache Kisten gelegt und bei Licht und einer Temperatur zwischen 10 und 15 °C vorgekeimt. Es darf jedoch kein direktes Sonnenlicht auf die Kartoffeln scheinen, und die Keime dürfen beim Pflanzen nicht abgebrochen werden. So hat die Kartoffel einen Wachstumsvorsprung.

Sonja: „Bei uns zuhause gibt es eine Bauernregel für den Zeitpunkt zum Kartoffelsetzen: ‚Setzt mi im Aprü, kumm i wonn i wü – setzt mi im Mai, kumm i glei'. (Übersetzung: Setzt du mich im April, komm ich, wann ich will, setzt du mich im Mai, dann komme ich gleich.) Das bedeutet, dass bei der Pflanzung der Boden nicht zu kalt sein darf."

Knoblauch (*Allium sativum*)

Knoblauch ist nicht gleich Knoblauch, auch hier gibt es verschiedenste Sorten. In Niederösterreich, Wien und dem Burgenland ist etwa der Weingartenknoblauch typisch.

Knoblauch in Weingartenzeile.

Knoblauch vor der Ernte mit Brutknöllchen.

Seine Merkmale sind der leicht gedrehte Schaft im Frühjahr, der violette Farbton am Beginn des verholzenden Schaftes im Herbst, mittelgroße Knollen und seine Schärfe. So wie beim Weingartenpfirsich gibt es aber auch beim Weingartenknoblauch viele unterschiedliche Sorten. Selbstverständlich kann jeder Knoblauch zu einem Weinstock oder zwischen zwei Weinstöcken gesetzt werden. Das Stecken vom Weingartenknoblauch nennt man auch „stupfen".

Geernteter Knoblauch, bereit zum Einsatz!

Brutknöllchen zum Aussäen.

Dabei versenkt man einzelne Zehen in der Erde. Dies erfolgt idealerweise im Oktober oder November, spätestens im April. Die obere Spitze der Knoblauchzehe sollte ungefähr 1 cm unter der Erde sein.

Die Ernte des Knoblauchs erfolgt im Juli durch das Ausziehen der gesamten Pflanze. Ein altes Sprichwort sagt bei uns: „Der Knofl mag den Drescher nicht hören" – d.h. wenn das Getreide am Feld reif ist und gedroschen wird, soll die Knoblauch-Ernte schon beendet sein. Bei einer zu späten Ernte kann es sein, dass der Knoblauch wieder mehr in den Boden einzieht und die Beerntung ganzer Knollen schwerer möglich ist.

Mit der Ernte des Knoblauchs werden gleichzeitig auch die oberen Brutzwiebeln (nach der Blüte entstehen die Samen) geerntet und getrocknet. Aus den angebauten Zehen im Herbst entstehen im nächsten Jahr wieder Knollen von 6–7 Zehen. Die Brutzwiebeln (Samen am Kopf der Pflanze) kann man ebenfalls wieder auspflanzen. Sie brauchen jedoch zwei Jahre, bis sie eine Knolle ausbilden, da sie im ersten Jahr nur „Rundlinge" oder „Oanserknofi" ausbilden. Knoblauch zählt nicht nur zu den Gewürzen und gesundheitsfördernden Lebensmitteln, sondern findet auch als Pflanzenstärkungsmittel Verwendung (→ siehe auch Seite 98).

Sonja: „Da ich den Knoblauch in der Küche sehr schätze, mir aber der immerwährende Schälaufwand bei jeder Mahlzeit zu groß ist, mache ich eine Art Knoblauchpaste. Ich vermische 1 kg geschälten Knoblauch mit 250 g Salz und püriere beides im Smoothie-Maker. Daraus entsteht eine weiß-gelbliche Paste, die ich für Suppen, Aufstriche und zu Fleisch verwende."

Weitere Begleiter

Kräuter

Bei älteren Weinstöcken können gut ein- oder mehrjährige Kräuter dazugesetzt werden. Als Küchenkräuter eignen sich z.B. Liebstöckel, Wilde Rauke, Schnittlauch, Basilikum und Petersilie. Bei eher trockenen Standorten wählt man am besten Lavendel, Thymian und andere mediterrane Kräuter.

Auch für Wildkräuter wie Schafgarbe, Wermut oder Quendel ist immer Platz, der Vielfalt sind keine Grenzen gesetzt.

Blumen

Im Vielfaltsgarten immer beliebt sind Blumen wie Jungfer im Grünen, Sonnen- oder Ringelblumen. Ein umgangssprachlicher Ausdruck für Ringelblumen ist bei uns auch „Weibliaml" – Übersetzung: „Weinblümchen".

Sonja: „Bei mir hat sich durch Zufall eine schwarze Stockrose bei einem Weinstock im Innenhof unseres Bauernhauses angesiedelt."

Wein, Wermut und Schafgarben in natürlicher Kombination.

Die Rose ist die perfekte Partnerin für den Wein: Sie ist noch anfälliger für Mehltau und schützt ihn somit vor der Krankheit.

Lüftungsstein („Dampfhaube“) eines alten Weinkellers mit Lavendel in einer Rebzeile.

Rosen

Warum sind früher Rosenstöcke am Beginn einer Weingartenzeile gepflanzt worden? Nein, nicht nur weil sie schön ausschauen, sondern weil beide Pflanzen dieselbe Empfindlichkeit aufweisen. Wein wird gerne von Mehltau befallen, ebenso empfindliche Rosensorten. Die Rose ist dem Erdboden noch näher und reagiert bei Mehltau sensibler als der Weinstock. Somit war der Rosenstock eine Art Frühwarnsystem, und der Winzer konnte durch gute Beobachtung noch schnell mit Pflanzenschutzmaßnahmen reagieren.

Roggen (*Secale cereale*)

Meine Mutter erzählte mir, dass früher auch Roggen im Weingarten angebaut wurde. Es handelte sich dabei um eine regionale Roggensorte mit langen Halmen. Einerseits diente der Roggen zur Begrünung, andererseits wurde dieser im Weingarten zum Aufbinden der jungen Weinstöcke genutzt. Die Halme der Pflanzen wurden ineinander verdreht, und der Weinstock am Pflanzstab damit angebunden. Dabei gab es einen speziellen Spruch: „Bind die Bandl – bist scho bundn a" – und in dieser kurzen Zeit musste der Weinstock dann angebunden sein.

Auch heute werden zwischen den Weingartenzeilen Gründüngungen oder Begrünungen – zur Verbesserung der Bodenkrume – angesät. Vieles ist als Bepflanzung möglich. Einiges, das wir ausprobiert haben, gelingt hervorragend, aber wir lernen immer wieder dazu. Die Spalier-Erziehung ist sehr praktisch für diese Kombination von Gemüse und Wein. Einerseits können die Laubarbeiten im Weingarten beidseitig von einem Gehweg aus erledigt werden. Andererseits steht der Mittelbereich zum Pflanzen von Gemüse zur Verfügung. Durch die Gehwege kann das Gemüse von beiden Seiten geerntet und gepflegt werden.

Ein Glas Wein gefällig?

Vielleicht sogar aus eigenem Anbau? Einen Versuch ist es allemal wert. Wer weiß: Vielleicht erfüllt sich der Traum vom selbst zubereiteten Tropfen. Und auch wenn nicht: Weinbeeren können noch so viel mehr! Sie werden staunen.

Erster Schritt: na klar, die Ernte!

Ernte und Verarbeitung – wie Wein entsteht

Inhaltsstoffe

Weintrauben sind nicht nur köstlich, sie sind auch gesund. Leider weiß man bei gekauften Trauben – gerade im konventionellen Bereich – nicht, wie viel Pflanzenschutzmittel verwendet wurde. Wenn die Produktion allerdings im eigenen Garten stattgefunden hat, dann weiß man ganz genau, was man isst.

Egal ob weiße oder rote Weintrauben – durchschnittlich enthalten 100 g Trauben rund 70 Kilokalorien (kcal). Sie sind also trotz ihrer Süße kalorienarm.

100 g enthalten durchschnittlich folgende Nährwerte

- Fett: 0,3 g
- Eiweiß (Protein): 0,7 g
- Kohlenhydrate: 15,2 g
- Ballaststoffe: 1,5 g

Ungefähr 80 % der Traube bestehen aus Wasser. Sie besitzt viele wichtige Nährstoffe wie Vitamin C, Eisen, Kalium, Kalzium, Magnesium, Phosphor und Spurenelemente wie Zink und Jod. Trauben schmecken nicht nur herrlich, sondern sind auch gesund. Alles von der Beere, egal ob weiß oder blau, ist gesund – die Schale, das Fruchtfleisch und genauso die Kerne. Blaue Trauben enthalten etwas mehr Gerbstoffe (Tannine) sowie Anthocyane und schmecken meist etwas herber als grüne Trauben. Auch für Kuren eignen sich Weintrauben sehr gut.

Sonja: „Meine sogenannte ‚Weintraubendiät' mache ich jedes Jahr von Neuem. Es geht im August mit dem Weintraubenessen los und hört mit dem Ende der Weinlese auf. Ich esse und esse und esse. Und selbst nach der Weinernte lege ich die Spaziergänge mit meinem Hund immer so an, dass ich durch unsere Weingärten streife, um ‚vergessene' Trauben zu naschen. Besonders herrlich ist es, wenn ich im Winter gefrorene Weintrauben finde!"

Tatsächlich nimmt man bei der echten Weintraubenkur ausschließlich Weintrauben zu sich. Dies soll zur Entschlackung und Entgiftung des Körpers dienen.

Toni: „Und weil ja momentan das Wort ‚Superfood' in aller Munde ist, so zählen bei mir die Weintrauben als mein Super-Powerfood – gerade während der Weinlese ideal, um fit zu bleiben."

Uns ist aufgefallen, dass viele Traubenliebhaber kernlose Sorten wünschen und oft der Meinung sind, dass diese nur aus der Türkei oder Spanien stammen können. Wenn Kinder zu uns kommen und die „normalen" Biotrauben probieren, dann sind sie eher überrascht, wie gut und süß diese sind. Wenn den Kindern die Trauben schmecken, dann sind die Kerne meistens gar kein Thema mehr. Vor allem ist es oft so, dass bei den kleinbeerigen Weintraubensorten die Kerne gar nicht stören. Natürlich sind die Konsumenten von den Supermärkten große Trauben-Sorten gewohnt, aber das heißt noch lange nicht, dass die großen Sorten die besseren sind. Je größer die Beeren sind, desto größer sind auch die Kerne. Aber nicht nur die Weintrauben an sich sind gesund, auch dem Wein werden gesundheitsfördernde Wirkungen nachgesagt. Schon Hippokrates oder Hildegard von Bingen verwendeten Wein als Heilmittel.

Eine kleine spezielle Leseschere macht die Arbeit einfacher.

Ernte & Lagerung

→ Siehe Bildserie Seite 130 „So entsteht Wein: Von der Ernte bis zur Lagerung."

Tafeltrauben-Ernte

Je nach Sorte, Standort und Vegetationsverlauf ist bei Hausgartensorten eine Ernte zwischen Ende Juli und November möglich.

Am besten achtet man auf

- den angegebenen Reifezeitpunkt der Sorte als Richtwert,
- eine eventuelle Farbveränderung (je nach Sorte),
- auf das Weichwerden ,
- auf die Kernfarbe (im reifen Stadium braun),
- und auf das Wichtigste, den Geschmack.

Achten Sie auch auf Wespen- und Vogelfraß, eventuell schützen Sie Ihren Weinstock mit einem Netz (→ siehe auch Seite 95). Zur besseren Belichtung der Trauben können einzelne Blätter entfernt werden, dann reifen die Trauben schöner aus. Es sollte aber nicht zu sehr entblättert werden, da sonst die Traubenernährung gehemmt wird. Am besten erntet man die Trauben mit einer spitzen Leseschere und entfernt eventuell faulige oder kranke Traubenteile.

Im professionellen Anbau werden ausschließlich ansprechend schöne Trauben ausgewählt. Mit einer spitzen Leseschere können leichte

Korrekturen an der Traube vorgenommen werden. Dazu werden einzelne Traubenteile mit dem Stiel ausgeschnitten oder einzelne Beeren weggezupft. Trauben, die für die Vermarktung nicht geeignet sind, werden z.B. zu Traubensaft verarbeitet.

Die Ernte wird in mehreren Durchgängen vorgenommen. Die abgeschnittenen Trauben werden einlagig in flache Steigen gelegt und kühl und trocken gelagert. Im professionellen Tafeltraubenanbau kann man von ca. 5 kg Ernte pro Rebstock ausgehen, dies ist aber stark sortenabhängig. Sorten, die für den Verkauf im Handel angebaut werden, müssen natürlich andere Anforderungen erfüllen als jene für den Hobbybereich. Im Hobbybereich werden die Sorten vor allem nach Reifezeit, Geschmack und Aussehen ausgewählt. Im professionellen Tafeltrauben-Erwerbsanbau sind Optik, Lagerfähigkeit und Robustheit wichtiger.

Tafeltrauben-Lagerung

Gesunde Trauben können 1–2 Wochen im Gemüsefach des Kühlschrankes gelagert werden. In professionellen Obstbetrieben werden die Trauben in einem Kühllager mit oder ohne CO_2 angereicherter Atmosphäre gelagert. Abhängig von der Traubensorte und dem Erntezeitpunkt kann die Lagerzeit auf bis zu ca. 2 Monate verlängert werden.

Möchte jemand länger in den Genuss von eigenen Tafeltrauben kommen, dann wählt man am besten verschiedene Sorten mit unterschiedlichen Reifezeiten aus. Wenn es das Wetter zulässt, dann können die Trauben auch länger am Weinstock verbleiben. Wenn diese nicht zu faulen beginnen, dann werden sie mit der Zeit immer süßer.

Geerntete gesunde Trauben können auch auf Schnüren aufgehängt oder auf Stroh gelagert werden. Dabei dürfen sich die Trauben aber nicht berühren, und der Raum soll trocken, luftig und kühl sein. Die Trauben sollten dabei regelmäßig auf Fäulnis kontrolliert werden.

Toni: „Nur vollreife Trauben ernten, denn Trauben gehören zu den nichtklimakterischen Früchten, das heißt, sie reifen nicht nach."

Keltertrauben-Ernte

Kennzahlen

Der richtige Weinlese-Zeitpunkt ist von mehreren Faktoren abhängig, nämlich

- vom Reifezustand und Geschmack der Trauben,
- vom Gesundheitszustand und den Wetteraussichten,
- von der Weintraubensorte und
- von dem zu erzeugenden Produkt (einfacher oder kräftiger Wein/Saft).

Die Reife-Entwicklung kann anhand von **optischen Kriterien** (wie z.B. Beerenfarbe oder Färbung der Kerne), **sensorischen Kriterien** (wie z.B. aromatisch süßer Geschmack) und anhand **analytischer Faktoren** (wie Zuckergehalt, Verhältnis Zucker-Säure-Gehalt und ph-Wert) festgestellt werden.

Refraktometer zur Feststellung der Zuckergradation.

Der Zuckergehalt in der Traube kann in der Praxis leicht mit einem Messgerät namens Refraktometer festgestellt werden. Dazu entnimmt man dem Weingarten eine repräsentative Stichprobe einiger Beeren an mehreren Stellen, z.B. von der Sonnen- und Schattenseite der Traube sowie kleinere und größere Beeren. Anschließend quetscht man die Beeren aus, mischt den Saft und entnimmt davon einen Tropfen für die Messung des Zuckergehaltes im Traubensaft.

In Österreich erfolgt die Angabe des Zuckergehalts nach „Klosterneuburger Mostwaage" (° KMW). Klosterneuburg war die erste Wein- und Obstbauschule Österreichs, heute Sitz des Bundesamtes für Weinbau und Höhere Bundeslehranstalt für Wein und Obstbau.

1° KMW entspricht ungefähr 10 g Zucker pro l. Das Refraktometer dient zur Zuckergrad-Messung und ist sehr praktisch, weil es klein und handlich ist und direkt zum Weinstock mitgenommen werden kann.

In Deutschland wird der Zuckergehalt in ° Oechsle gemessen, der Umrechnungsfaktor liegt ungefähr bei ° KMW x 5.

Im germanischen Recht wird die Weinqualität durch den Zuckergehalt der Trauben bestimmt. Im romanischen Recht wird die Qualität durch die Herkunft bestimmt. Seit einiger Zeit gibt es auch in Österreich zusätzlich Herkunftsweine (DAC-Weine).

Für die Herstellung von hochwertigen Weinen darf nur physiologisch reifes und gesundes

Traubenmaterial verwendet werden. Faule oder beschädigte Beeren werden mit einer spitzen Leseschere weggeschnitten. Unreife Trauben verbleiben am Stock, nur schönes Traubenmaterial kommt in die Ernte-Behälter.

Im Erwerbs-Weinbau werden, je nach Betriebsphilosophie, teilweise Traubenvollernter (sogenannte Lesemaschinen) eingesetzt, die die Beeren vom Stielgerüst herunterschütteln. Für die Produktion von hochwertigen Weinen müsste vorher eine „Negativ-Auslese" (z.B. alle faulen Trauben entfernen) durchgeführt werden.

Die Weinbezeichnungen (Qualitätsstufen) sind durch das Weingesetz geregelt.

Folgende Qualitätsstufen von Wein gelten in Österreich:

Wein	mindestens 10,6° KMW, früher Tafelwein benannt, ohne geschützte Ursprungsbezeichnung oder geografische Angabe
Wein	„Rebsortenwein" mit Sorten- und Jahrgangsbezeichnung
Landwein	mindestens 14° KMW und 8,5 Vol.-% Alkohol
Qualitätswein	mindestens 15° KMW und 9 Vol.-% Alkohol
Kabinett	mindestens 17° KMW und höchstens 13 Vol.-% Alkohol
Spätlese	mindestens 19° KMW späte Lese und vollreif geerntet
Auslese	mindestens 21° KMW hier werden vollreife oder edelfaule Trauben geerntet
Beerenauslese	mindestens 25° KMW hier werden überreife oder edelfaule Trauben geerntet, viel Selektionsarbeit
Trockenbeerenauslese	mindestens 30° KMW aus weitgehend rosinen-artigen Beeren mit Edelfäule
Eiswein	mindestens 25° KMW aus Trauben, die bei der Ernte und Verarbeitung gefroren sind
Strohwein	mindestens 25° KMW, 3-monatige Lagerung auf Stroh, Schilf oder Schnüren

Ab dem Stadium der Qualitätsweine müssen sich Weine einer sensorischen und analytischen Prüfung unterziehen, um eine staatliche Prüfnummer zu bekommen. Dazu müssen die Weine im Geruch und Geschmack frei von Weinfehlern sein, analytisch überprüft und sorten- und gebietstypisch sein. Ab der Kategorie „Rebsortenwein" unterliegt die Produktion zudem einer Ertragsbegrenzung.

Ernte-Behältnisse

Die Ernte kann in verschiedensten Behältnissen erfolgen, wie in Kübeln oder Schiebetruhen, in flachen, stapelbaren Steigen, in Boxen oder in Lesekisten. Die Behälter müssen sauber, lebensmittelecht und leicht zu reinigen sein. Die Ernte in stapelbaren Steigen oder Boxen hat den Vorteil, dass die Trauben direkt und schonend in den Keller oder Verarbeitungsraum transportiert werden können.

Nicht nur die Ernte-Behältnisse, sondern auch die Verarbeitungs-Einrichtungen wie Rebler, Presse und Tanks müssen aus lebensmittelechten und säurebeständigen Materialien sein. Übliche Materialien sind: Edelstahl, Holz und lebensmittelechte Kunststoffe.

Weinbereitung

Wenn man nur kleine Mengen von einigen Kilogramm Trauben zu verarbeiten hat, wird man versuchen mit einer eher geringen technischen Ausstattung oder Haushaltsgeräten auszukommen. Pro Weinstock kann man mit ungefähr 2–3 kg Keltertraubenertrag rechnen.

Bei mittleren Mengen von einigen 100 kg lohnt sich das Ausborgen oder Anschaffen von entsprechend dimensionierten Geräten. Abhängig wiederum davon, ob die Weinbereitung ein einmaliger Versuch bleibt oder jährlich vorgenommen wird.

Stapelbare Lesekisten.

Bei Mengen von mehreren 1.000 kg Weintrauben und regelmäßiger Verarbeitung, sollte man sich überlegen, ob in eine professionelle Verarbeitung investiert werden soll. Dabei fallen aber entsprechend hohe Investitionskosten an, die durch eine eventuelle Lohnverarbeitung gespart werden können. Auch eine Kooperation mehrerer Weinerzeuger ist denkbar.

Allgemein gilt, dass die frisch geernteten Trauben rasch und möglichst schonend verarbeitet werden sollen. Die rasche Verarbeitung ist wichtig wegen möglicher Oxidation und möglichen ungünstigen mikrobiellen Einflüssen. Durch die schonende Verarbeitung wird der Gerbstoffgehalt im Wein niedrig gehalten.

Edestahltanks.

Weißwein-/Roséweinbereitung

Übersicht

Einen Überblick über die möglichen oder notwendigen Schritte zur Weißweinbereitung gibt folgendes Schema. Je nach zu verarbeitender Menge, technischer Ausstattung und gewünschter Weinart (klassischer Wein, Orange Wine – Weißwein, der wie Rotwein hergestellt wird, oder Natural Wine, der möglichst ohne Zusätze und aufwändige Verfahren hergestellt wird) variiert die Verarbeitung.

Sonja: „Weinmachen ist immer spannend, egal ob in der Garage oder in der modernen Kellerei – die Grundschritte der Weinbereitung bleiben immer gleich, nur die Umsetzung variiert."

Im Profibereich wird die Weinherstellung natürlich etwas anders aussehen als im Hobbybereich. Grundsätzlich lässt sich die Herstellung von Weißwein jedoch folgendermaßen gut zusammenfassen:

1. Trauben ernten (→ siehe Seite 113)
2. Trauben vorbereiten, ev. rebeln und maischen
3. Vorbereitete Trauben pressen
4. Vorklären (entschleimen)
5. Alkoholische Gärung
6. Weinausbau
7. Abfüllen
8. Lagern

2. Trauben vorbereiten, ev. rebeln und maischen

Wie schon auf → Seite 113 beschrieben, verwendet man für die Weinherstellung ausschließlich einwandfreie Trauben, die reif und gesund sind. Wichtig ist, dass man bei der Verarbeitung auf große Sauberkeit achtet. Zunächst gilt es, die Beeren vom Stilgerüst zu „befreien". Denn im Stilge-

Schritt für Schritt zum Weiß- und Roséwein

rüst sitzen Bitterstoffe, die während der Verarbeitung ausgelaugt und so in den Wein gelangen können. Nur wenn das Stilgerüst gut ausgereift und verholzt ist, kann das Rebeln entfallen. Aber Achtung: Das Stilgerüst darf beim Rebeln nicht beschädigt werden, da sonst mehr Gerbstoffe ausgelaugt werden als ohne Rebeln. Im Hobbybereich kann das Rebeln von Hand geschehen, z.B. mit Hilfe eines Rebelgitters. Profis arbeiten bei großen Traubenmengen mit Rebelmaschinen (Rebler). Diese bestehen aus einer drehenden Trommel mit Löchern, in der sich eine drehende Walze mit schneckenförmig angeordneten „Fingern" befindet. Durch die Lochtrommel werden die Beeren von den Kämmen abgetrennt. Die Drehgeschwindigkeit kann an die Traubenbeschaffenheit angepasst werden.

Um an den Saft der Trauben zu gelangen, quetscht man zunächst die ganzen Trauben (= maischen) und presst den Saft anschließend ab. Bei kleinen Mengen kann das Maischen entfallen und die Trauben direkt entsaftet, also gepresst werden. Im Folgenden möchten wir den Vorgang im Detail vorstellen und auch beschreiben, wie man bei kleinen, mittleren und größeren Mengen am besten vorgeht.

Grundsätzlich werden beim **Maischen** die Beeren gequetscht, um den Saftaustritt zu erleichtern. Achtung: Wenn nicht gerebelt wurde, dürfen auch hier die Stiele und Kerne nicht beschädigt werden. Die zerquetschten Beeren mit Schale, Kernen und eventuell Kämmen nennt man Maische. Die Weißwein-Maische kann man entweder sofort abpressen oder man lässt diese eine gewisse Zeit stehen. Üblicherweise dauert diese Maischestandzeit einige Stunden bis zu einem Tag. Durch das Stehenlassen kann die Maische dann besser gepresst werden. Dadurch finden der Pektin-Abbau sowie eine bessere Auslaugung von Aromastoffen (v.a. bei aroma-intensiven Sorten) statt. Gleichzeitig werden Farb- und Mineralstoffe, aber auch unerwünschte Gerbstoffe besser ausgelaugt. Wichtig auch hier: Für eine Maischestandzeit sollte das Traubenmaterial völlig gesund sein. Zudem sollten die Trauben bei warmem Lesewetter am besten in den frühen Morgenstunden geerntet werden.

Profitipp:
Wenn das nicht möglich ist, wäre eine Kühlung des Lesegutes mittels Trockeneis möglich oder man verkürzt die Maischestandzeit.

Bei längeren Maischestandzeiten kann man der Oxidation (Bräunungsreaktion) und einer eventuellen mikrobiellen Fehlentwicklung durch Schwefelung entgegenwirken. Üblicherweise werden ungefähr 30–50 mg SO_2/l Maische verwendet, siehe auch Most-Schwefelung (→ Seite 122).

Alte Traubenmühle.

Während der Maischestandzeit können zur Beschleunigung des Pektin-Abbaus pektolytische Enzyme zugefügt werden, um die Pressbarkeit zu erleichtern oder die Maischestandzeit zu verkürzen. Verwendung der Enzyme nach Empfehlungen des Herstellers. Für Bio-Weine dürfen nur gentechnikfreie Enzyme verwendet werden.

Bei der **Rosé-Weinbereitung** wird mit einer kurzen Maischestandzeit ein Teil der Farbe aus den Rotweintrauben ausgelaugt. Die Dauer hängt von der gewünschten Farbtiefe, vom Farbstoffgehalt der Beeren, der Sorte und dem Weinjahr ab. Anschließend wird nach der Maischestandzeit genauso weiter verfahren wie bei der Weißwein-Bereitung.

Eine besondere Form der Maischestandzeit ist die **Kalt-Mazeration** (→ siehe auch Seite 135). Hierbei wird die Maische für eine noch intensivere Aroma-Auslaugung gekühlt und einige Tage stehen gelassen. Meistens wird die Kühlung mit Trockeneis oder Kühltanks bewerkstelligt.

Der Ablauf des Rosésafts: ganz schön rosa!

So wirkt sich eine unterschiedlich lange Maischestandzeit auf die Farbgebung aus.

3. Vorbereitete Trauben pressen

Das Maischen kann im Hausgebrauch entfallen. Wenn man nur kleine Mengen an Trauben zu verarbeiten hat, kann man die Trauben mithilfe eines Tuches direkt ausquetschen und so entsaften oder man verwendet einen handelsüblichen Haushaltsentsafter. Solche gibt es auch als Zusatzgeräte für Küchenmaschinen.

„Noch einfacher" geht die Pressung folgendermaßen: Die geernteten Trauben werden in einen Bottich geleert und mit den (sauberen) Füßen oder Gummistiefeln ausgequetscht. Anschließend seiht man den Saft durch ein Tuch oder Sieb ab. Nicht nur Kinder haben ihren Spaß dabei, und eine Kostprobe des Gepressten ist gleich ein Erfolgserlebnis! Da bei diesen Methoden nicht der ganze Saft ausgepresst wird, kann man den Pressrückstand beispielsweise gut für einen Tresterbrand (Branntwein aus den bei der Kelterung anfallenden Rückständen) nutzen.

Bei mittleren Mengen empfiehlt sich das Ausborgen (von Obstbauvereine) oder Anschaffen einer Obstpresse für die Pressung der Maische. Diese gibt es in unterschiedlichen Größen und Ausführungen. Einige davon wollen wir im Folgenden vorstellen:

- handbetriebene **Spindelpressen** mit innen- oder außenliegender Spindel. Wir empfehlen Pressen mit außenliegender Spindel, damit keine Eisenteile mit dem Saft in Berührung kommen. Durch Drehen der Spindel wird der Pressdruck erzeugt, dafür braucht es Muskelkraft. Allerdings gibt es mittlerweile auch hydraulisch betriebene Spindelpressen. Diese nennt man dann Stempelpresse.

So fühlen sich Trauben an! Pressen mit den Füßen:

Die geernteten, sauberen Trauben in einen Eimer geben.

Die gestampften Trauben werden dann noch mit einem Geschirrtuch ausgepresst.

Je kleiner der Eimer, desto kleiner sollten die Füße sein.

Auf die Plätze, fertig, los: Stampfen, was die Trauben aushalten.

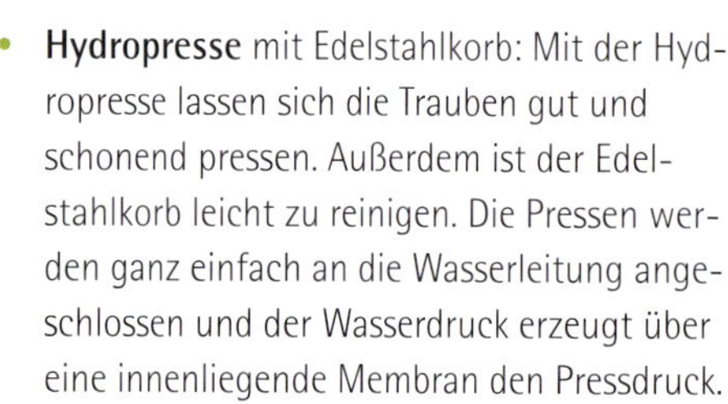

Und fertig ist der leckere Frischmost.

- **Hydropresse** mit Edelstahlkorb: Mit der Hydropresse lassen sich die Trauben gut und schonend pressen. Außerdem ist der Edelstahlkorb leicht zu reinigen. Die Pressen werden ganz einfach an die Wasserleitung angeschlossen und der Wasserdruck erzeugt über eine innenliegende Membran den Pressdruck.
- **Packpressen**, die normalerweise zum Obstpressen verwendet werden, kann man auch zum Pressen von Trauben verwenden.
- **Pneumatische Pressen** mit kleinerem Füllvolumen, die von einigen Pressen-Herstellern angeboten werden, sind die eleganteste, aber auch teuerste Variante.

Spindelpresse.

Pneumatische Weinpresse.

Ganztraubenpressung für weißgepresste Rotweintrauben mit pneumatischer Presse.

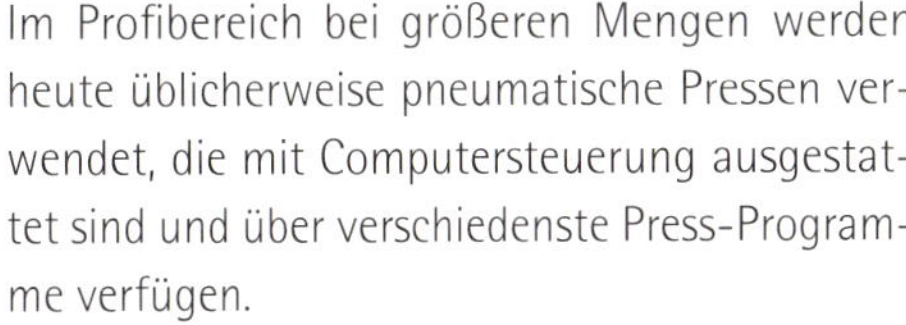

Im Profibereich bei größeren Mengen werden heute üblicherweise pneumatische Pressen verwendet, die mit Computersteuerung ausgestattet sind und über verschiedenste Press-Programme verfügen.

Heutzutage wird mit den modernen Pressen so schonend gepresst, dass man die ganzen Trauben (ohne Rebeln und Maischen) bedenkenlos pressen kann – das nennt man **Ganztraubenpressung.** Durch diese schonende Methode bekommt man sehr fein duftige Weine mit wenig Gerbstoff.

Den verbleibenden Rest nach dem Pressen bezeichnet man als **Trester**, die sich gut kompostieren lassen und als hochwertiger organischer Dünger ausgebracht werden.

4. Vorklären (entschleimen)

Wenn die Maische bzw. Trauben gepresst sind, kann die Verarbeitung weitergehen. Dafür gibt es eine wichtige begriffliche Unterscheidung: Unter Traubenmost versteht man den frischen Saft der Trauben gleich nach der Pressung. Unter Traubensaft versteht man den durch Pasteurisieren bereits haltbar gemachten Traubenmost.

Der frisch gepresste Traubenmost wird in einen Behälter gefüllt und stehen gelassen, damit sich die Trubstoffe absetzen können und der Saft dadurch **vorgeklärt** wird. Bei Trubstoffen handelt es sich um kleine Partikel, die z.B. vom Fruchtfleisch oder der Schale der Trauben stammen.

Dieser Vorgang des Absetzens funktioniert nur durch Schwerkraft und wird als **Entschleimen** bezeichnet. Je nach Dauer des Entschleimens

Tresterrest.

Saftablauf Weißwein.

ist der Most dann klarer, und am Boden setzt sich der Trub ab. Je blanker der Most, desto reintöniger läuft die Gärung. Reintönig bedeutet, dass der Wein je nach Sorte seinen ganz typischen Geschmack und Duft besitzt und frei von (dumpfen) Fehltönen ist. Bei zu blanken Mosten kann es allerdings zu Gärstockungen kommen, da die Hefen auch etwas Trub benötigen. Üblicherweise lässt man den Most über Nacht absetzen, 12 Stunden oder wenn möglich auch länger. Die ideale Most-Temperatur liegt dabei zwischen 10–15 °C. Bei höheren Most-Temperaturen muss man aufpassen, dass es nicht zu einem unerwünschten Angären kommt und dadurch der Trub auftreibt. Um dies zu vermeiden, ist eine Weinlese morgens oder am Vormittag besser als mittags oder nachmittags, wenn die Trauben von der Sonne aufgeheizt sind. Wenn dies nicht möglich ist, dann sollte der Saft nach dem Pressen gekühlt werden. Je nach Menge ist vom Kühlschrank bis zum Trockeneis oder gekühltem Behälter alles denkbar.

Profitipps:
Durch Zugabe von **pektolytischen Enzymen,** also Enzymen, die Pektin abbauen, kann man den natürlichen Klärungsvorgang unterstützen und beschleunigen. Hierbei muss die Mosttemperatur aber über 10 °C sein, da sonst kein Pektin-Abbau mehr erfolgt.

Ebenso kann durch eine **Most-Schwefelung**, gleich nach dem Pressen, die Gefahr von Fehlgärungen, Oxidation und Essigstich verhindert werden. Eingesetzt werden 30–50 mg Schwefeldioxid (SO_2) pro l Most. Am einfachsten in der Anwendung ist das Pulver Kaliumpyrosulfit (KPS). Für die Zugabe von 50 mg SO_2/l benötigt man 100 mg KPS/l bzw. 1 g/10 l. Bei komplett gesundem Traubenmaterial und rascher Verarbeitung kann dies auch unterbleiben.

Im Zuge des Entschleimens besteht außerdem die Möglichkeit, einen Teil des thermolabilen Eiweißes zu entfernen. Das thermolabile Eiweiß ist das nicht temperaturstabile Eiweiß im Wein, abhängig von Sorte und Jahrgang. Dies könnte später im fertigen Wein, bei wärmeren Temperaturen, zu Trübungen führen und dem Wein dadurch ein milchiges Aussehen verleihen. Ein Teil davon kann durch die Zugabe von **Bentonit** (1–2g/l), welches mindestens sechs Stunden in Wasser vorgequollen wird, entfernt werden. Bentonit besteht aus hochwertigen quellfähigen Tonerden mit guter Aufnahmefähigkeit für gelöstes Eiweiß im Wein. Wichtig dabei ist, dass das Bentonit erst nach dem Pektin-Abbau zugegeben wird, da sonst die Enzyme (auch Eiweißkörper) durch das Bentonit inaktiviert werden. Aus diesem Grund kann es sinnvoll sein, die sogenannte Bentonit-Schönung erst im Jungwein durchzuführen (→ siehe Seite 126), da im Most nicht alles entfernt werden kann und meistens eine Nachbehandlung notwendig ist.

Am Ende des Absetzvorganges zieht man den blanken Most mit einem Schlauch vom Trub in einen anderen Behälter ab.

Zur **Qualitätsbestimmung des Traubenmostes** wird nun der Zuckergehalt – mittels Refraktometer oder Mostwaage – gemessen. Für die Herstellung von qualitativ guten Weinen sollte der Zuckergehalt zwischen 17–19° KMW (zwischen 85–95° Oechsle), für kräftigere Weine auch mehr, betragen. Bei geringerem Zuckergehalt entstehen leichtere, schlankere und weniger haltbare Weine.

In den nördlichen Weinbauregionen der EU ist ein Anreichern bei einem natürlichen Mangel an Zucker, in gewissen Grenzen, möglich. Eine Anreicherung darf maximal um 2 Vol.-% Alkohol (das entspricht 2,6° KMW) erfolgen. Für 1° KMW Erhöhung benötigt man 1,3 kg Zucker/100 l Most. Durch die Zugabe von Biorübenzucker oder Bio-Traubensaftkonzentrat kommt es zu einer Erhöhung des Alkoholgehaltes, man spricht von **Aufbessern.** Dies kann aber eine natürliche Reife nicht ersetzen.

5. Alkoholische Gärung

In einem nächsten Schritt geht es nun an die alkoholische Gärung. Bei der Gärung wird der Zucker im Most durch die Hefe in Alkohol umgewandelt. Gleichzeitig entstehen Kohlendioxid (CO_2), Wärme und Gärungs-Nebenprodukte.

Der Gärbehälter dafür sollte aus Glas, Holz, Keramik oder Edelstahl sein und über einen Gärverschluss verfügen, damit das während der Gärung entstehende Kohlendioxid (CO_2) austreten kann. Das Fassungsvermögen sollte etwa 10 % größer als das Gesamtvolumen sein, damit genügend Platz bei einer etwaigen Schaumbildung bleibt.

Sonja: „Für kleinere Mengen eignen sich Glasballons mit einem passenden Gärverschluss sehr gut. So kann man die Gärung beobachten und mitverfolgen. Für größere Mengen gibt es Edelstahl-Behältnisse.“

Unterschiedliche Hefen kommen bereits mit dem Traubenmaterial aus dem Weingarten mit und vermehren sich im Most (**Spontan-Gärung**).

Kontrollierter und sicherer erfolgt die Gärung durch den Zusatz von speziell selektionierten **Reinzuchthefen**. Diese sind – so wie Trockenhefe für den Hefeteig – im Handel in verschiedenster Form erhältlich, auch in Bioqualität. Bei der Auswahl der Hefen sollte darauf geachtet werden, dass diese nicht extrem anspruchsvoll sind, was die Nährstoffe im Most betrifft. Um Gärstockungen zu verhindern, müssten sonst auch diese Nährstoffe zugesetzt werden.

Das bei der Gärung entstehende CO_2-Gas ist schwerer als Luft und sammelt sich in tiefer liegenden Kellerräumen an. Achten Sie daher auf ausreichende Abfluss- oder Belüftungs-Möglichkeiten während des Gärprozesses, da mehr als das fünfzigfache Volumen der Mostmenge an Gärgas entsteht.

Um ein rasches Angären zu ermöglichen, darf der Most nicht zu kalt sein, ideal sind Temperaturen zwischen 16 und 20 °C. Da bei der Gärung Wärme entsteht, muss in der Haupt-Gärphase darauf geachtet werden, dass keine zu hohen Gärtemperaturen (über 23 °C) entstehen. Dies würde zu erhöhten Alkohol- und Aroma-Verlusten führen. Die Temperatur kann man am einfachsten durch einen gekühlten Doppel-Mantel-Tank regulieren. Es gibt Kühlschläuche, die in den Behälter eingehängt werden oder man berieselt den Behälter mit Wasser. Bei kleinen Behältern reicht meistens die Wärme-Abstrahlung über die relativ große Oberfläche aus. Zu kühle Temperaturen oder zu rasches Abkühlen würde wiederum zu einer Gär-

Bestimmung des Zuckergehaltes mittels Mostspindel.

stockung führen. Je langsamer und gleichmäßiger die Gärung verläuft (zwischen 1–2 Wochen), desto weniger Alkohol und Aroma gehen verloren und die Weine werden klarer und fruchtiger.

Auch in der Endphase der Gärung sollte die Temperatur etwas höher sein. Die Gärung endet, wenn nahezu der gesamte Zucker in Alkohol und Kohlendioxid umgewandelt ist, da die Hefen dann keine Nahrung mehr haben. Dies erkennt man daran, dass keine CO_2-Bläschen mehr aufsteigen. Danach setzen sich die Hefezellen am Boden des Gärbehälters ab.

Von einer **Kaltvergärung** spricht man bei einer Gärtemperatur von rund 15 °C. Dafür sind spezielle Kaltgär-Hefen und eine Kühleinrichtung notwendig. Für die Herstellung von **restsüßen Weinen** kann die Gärung am einfachsten durch Kühlen - beim gewünschten Restzuckerwert - unterbrochen werden.

6. Weinausbau

Jungweinphase

Während der Gärung schützen die Hefe und das entstehende CO_2 den Wein vor Oxidation. Nach Gär-Ende lässt dieser Schutz allmählich nach. Deswegen muss der Behälter **vollgefüllt** oder der Jungwein in einen etwas kleineren Behälter umgefüllt werden, damit es zu keiner Reaktion mit Sauerstoff kommt. Gut eignet sich auch ein Immervolltank, bei dem der Schwimmdeckel je nach Inhalt abgesenkt und dicht verschlossen werden kann. Grundsätzlich muss nun jeder Weinbehälter immer „spundvoll" gehalten werden. Das bedeutet, der Behälter wird so voll gemacht, dass kein Luftraum mehr vorhanden ist.

Jungweinschwefelung

Im Zuge des Vollfüllens kann der Jungwein gleich mit 50–60 mg SO_2/l stabilisiert werden, um unerwünschte Gärungsnebenprodukte abzubinden und Bakterienwachstum sowie Oxidation zu vermeiden. Bleibt der Wein länger in Kontakt mit der Hefe oder wird diese sogar aufgerührt (Batônnage), kann mit der Schwefelung noch zugewartet werden. Durch die positive Wirkung der Hefe benötigt man weniger Schwefel. Bei oxidativ ausgebauten Weinen wird auf die Jungweinschwefelung verzichtet.

Abzug von der Hefe (1. Abstich)

Je nach Betriebsphilosophie und Weintyp wird der Wein früher oder später von der Hefe abgezogen (mit Schlauch). Für junge, klare und fruchtige Weintypen werden die Weine früher von der Hefe abgezogen. Für einen kräftigeren und volleren Weintyp nutzt man den längeren Kontakt mit der Hefe. Diese Zeitspanne reicht von wenigen Wochen bis hin zu vielen Monaten - wann genau abgezogen wird, ist aber vom gewünschten Weintyp und der Philosophie des "Winzers" abhängig.

Den Hefetrub samt Weinstein nennt man **Geläger**. Das Geläger wird üblicherweise als Dünger wieder in den Weingarten ausgebracht.

Ein kurzer Hinweis zu **Weinstein**: Weinstein ist das Kaliumsalz der Weinsäure, das sich während der Gärung teilweise in beträchtlichen Mengen bildet und mit der Hefe am Boden des Behälters absetzt.

Weinstein kann auch noch später, während der Lagerung des Weins, ausfallen. Weinstein ist somit ein Zeichen für reifes Traubenmaterial, da mit zunehmender Reife der Weinsäure-Anteil im Wein steigt und Weinstein dadurch eher ausfällt.

Säurebestimmung und Säurekorrektur

Die Säure im Weißwein kann mit tropfenweiser Zugabe (Titration) von Blaulauge 1/3 N zu 25 ml Wein bestimmt werden. Dabei entsprechen die Milliliter zugegebener Lauge dem Gehalt an titrierbarer Säure in Gramm pro Liter. Bei einem zu hohen Gehalt von Säure kann z.B. mittels Zugabe von Kalk entsäuert werden. Dazu müssen 0,67 g Entsäuerungskalk für 1 g/l Weinsäure-Verminde-

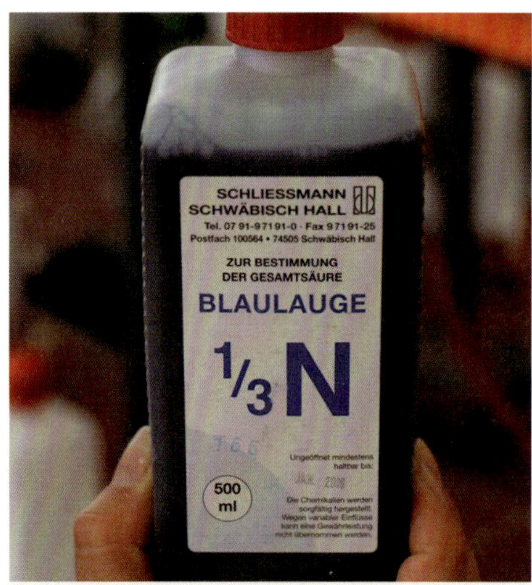

Lauge zur Säurebestimmung.

rung verwendet werden. Eine Beratung in einem Labor ist empfehlenswert. Anschließend fällt das Kalziumsalz der Weinsäure in Form von Kristallen aus und CO_2 entweicht. Dieser Vorgang dauert etwas länger, und es sollte mindestens 4–6 Wochen gewartet werden, damit das ganze Kalzium „ausgefallen" ist.

Biologischer Säureabbau (BSA)

Bei manchen Weißweinen kann bei zu viel Säure ein biologischer Säureabbau angedacht werden. Dies ist nur bei kräftigen Weißweinen sinnvoll. Dabei muss aber vorher die Jungwein-Schwefelung unterbleiben, weil die Säure-Abbau-Bakterien schwefel-empfindlich sind. Hat ein unerwünschter Säureabbau begonnen, muss der Wein rasch blank, steril filtriert, geschwefelt und kühl gelagert werden. Näheres siehe Kapitel Rotwein-Verarbeitung, → Seite 136.

Jungweinstabilisierung

Eine der wichtigsten Maßnahmen der Weinstabilisierung ist die Bentonit-Schönung (→ siehe auch Seite 122), um eine spätere Trübung durch thermolabiles Eiweiß zu verhindern. Am besten lässt man den Bentonit-Bedarf im Labor bestimmen. Dabei empfiehlt es sich auch gleich, den SO_2-Bedarf zu überprüfen und eventuell nachzuschwefeln. Üblicherweise werden vom Bentonit 1,5–2 g/l Wein benötigt, bei manchen Sorten und trockenen Jahren auch mehr. Wenn eine Bentonit-Schönung bereits im Most durchgeführt wurde (→ siehe Seite 122), ist trotzdem eine Stabilitätsprüfung und gegebenenfalls eine Nachbehandlung notwendig. Die so bestimmte Bentonit-Menge wird mindestens 6 Stunden in Wasser vorgequollen und dem Wein unter Rühren zugegeben. Auf eine gute Vermischung ist zu achten. Am Tag nach der Schönung sollte man den Bentonit-Bedarf nochmals nachkontrollieren, da in manchen Fällen eine Nachschönung nötig sein kann.

Das Bentonit setzt sich im Weinbehälter wieder ab, und der Wein kann nach einigen Wochen abgezogen werden – **2. Abstich**. Frühestens nach dieser Behandlung ist eine Weinabfüllung in Flaschen möglich, oder man lässt dem Wein noch mehr Zeit zum Reifen.

Wenn der Wein aufgrund von zu hoher Säure oder höheren Gerbstoffgehalt unharmonisch ist, so kann dies in diesem Stadium noch harmonisiert werden (→ siehe dazu Seite 136). Wenn gewünscht, kann dem Wein auch etwas Restsüße verliehen werden, indem Bio-Traubensaft oder Bio-Traubensaftkonzentrat zugegeben werden.

7. Abfüllen

Immervolltank und Bag-In-Box-Systeme

Wein muss nicht unbedingt in Flaschen abgefüllt werden. Er kann auch in einem Immervolltank (→ siehe auch Seite 136) gelagert und der Wein bei Bedarf entnommen werden. Der Vorteil des Immervolltanks besteht in seinem beweglichen Schwimmdeckel, der sich dem Tankvolumen anpasst. Der Wein wird dadurch vor Oxidation geschützt. So hat man ohne viel Aufwand immer frischen Wein zur Verfügung, der praktisch über einen Hahn entnommen werden kann.

Die Abfüllung des Weins in Bag-In-Box-Systeme ist eine weitere Möglichkeit. Von diesen Systemen gibt es unterschiedliche Größen. Wichtig ist dabei, darauf zu achten, dass der innenliegende Folienbeutel für die Weinabfüllung geeignet ist.

Abfüllung in Flaschen

Bevor der blanke, saubere und fehlerfreie Wein in Flaschen abgefüllt wird, soll der Schwefelgehalt nochmals gemessen werden. Der Schwefelgehalt sollte vor der Füllung bei etwa 40 mg SO_2/l liegen, weil während der Füllung nochmals etwas SO_2 verbraucht wird.

Die vorbereiteten Flaschen müssen sauber und steril sein. Die Verschlüsse kauft man am besten immer neu. Während des Abfüllens sollte der Wein möglichst wenig Sauerstoff aufnehmen und die Flaschen so weit befüllt werden, dass zwischen Kork und Wein noch etwas Luftraum bleibt. Bei anderen Verschlüssen ebenso auf einen Ausdehnungs- oder Steigraum achten!

Schichtenfilter.

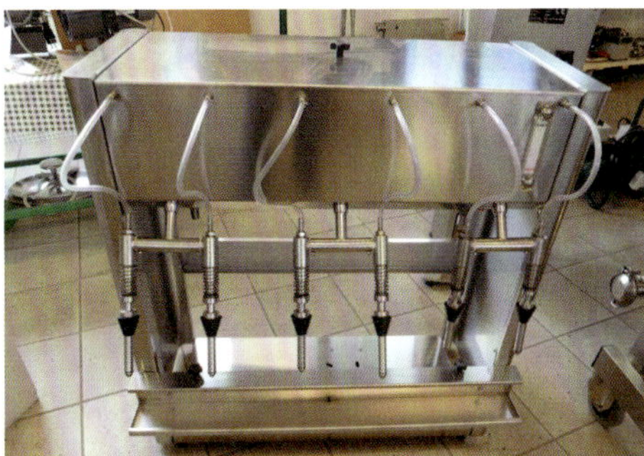

Flaschenfüllgerät.

Flaschenfüllung.

Halbautomatischer Schraubverschließer.

Handverkorker.

Im Hobbybereich füllt man den Wein am besten ohne zu pumpen mit einem lebensmittelechten Silikonschlauch ab oder man verwendet kleine Abfüllgeräte. Eventuell kann man den Weintank auch höherstellen und den Wein aufgrund des natürlichen Gefälles in Flaschen laufen lassen.

Im professionellen Weinbau wird der Wein vom Tank mittels einer Pumpe durch Filterplatten und/oder Filterkerzen und einer Abfüllvorrichtung in Flaschen gefüllt.

Verschlussmöglichkeiten

Naturkork ist etwas teurer in der Anschaffung, gewährleistet aber eine lange Lagermöglichkeit. Presskork ist etwas billiger, hat jedoch eine verkürzte Lagerdauer. Für beide Korksysteme benötigt man eine Verkorkungsmaschine. Es gibt auch einfache, handbetriebene Modelle.

Neben Naturkork und Presskork kann man auch einfache, konisch zulaufende Korken verwenden, die mit einem Gummi-Hammer verschlossen werden können. Kunststoffkork ist aufgrund der Luftdurchlässigkeit für längere Lagerung nicht geeignet.

Vor allem bei Naturkorken sollte die frisch befüllte, verkorkte Flasche einige Stunden stehend gelagert werden. Erst danach können die Flaschen liegend gelagert werden. So wird der Kork vom Wein befeuchtet und trocknet nicht aus. Der Kork würde ansonsten schrumpfen, und zu viel Luft käme in die Flasche.

Glasverschlüsse sind teurer und beim Verschließen etwas aufwändiger.

Kronenkorken sind günstig, praktisch und einfach in der Anwendung, auch ein Handverkapsler ist günstig in der Anschaffung. Schraubverschlüsse mit vorgefertigtem Gewinde sind sehr praktisch in der Handhabung. Schraubverschlüsse ohne vorgefertigtes Gewinde sind in der Praxis mittlerweile am weitesten verbreitet. Diese benötigen aber eine spezielle Verschließ- oder Anrollmaschine. Der Vorteil dieser Methode ist, dass die Flasche werkzeuglos geöffnet und wieder verschlossen werden kann.

Viele Wege führen zur verschlossenen Flasche!

Konische Korken.

Händisches Verschließen mit konischen Korken.

Kronenkorken.

Einfache Verschließmaschine für Kronenkorken.

8. Lagern

Grundsätzlich ist die Dauer der Lagerung abhängig von der Weinsorte, der Qualität des Weines, dem Alkohol, dem Säuregehalt, der Lagertemperatur und den Behältnissen, in denen sich der Wein befindet. Reife Weine mit hoher Qualität können bei guten Lagerbedingungen (dunkel, kühl zwischen 10 und 12 °C ganzjährig) problemlos 5 Jahre und länger gelagert werden. Dies gilt auch für Lagerung in großen Flaschen.

So entsteht Wein: Von der Ernte bis zur Lagerung.

1. Los geht's mit der Ernte der Keltertrauben.

2. Wichtig: Das Ausschneiden und Auszupfen der faulen Beeren.

3. Im Liebhaberanbau stampft man vielfach noch mit den Füßen, aber hier ein Blick in eine pneumatische Presse.

4. Frisch gepresster Traubenmost.

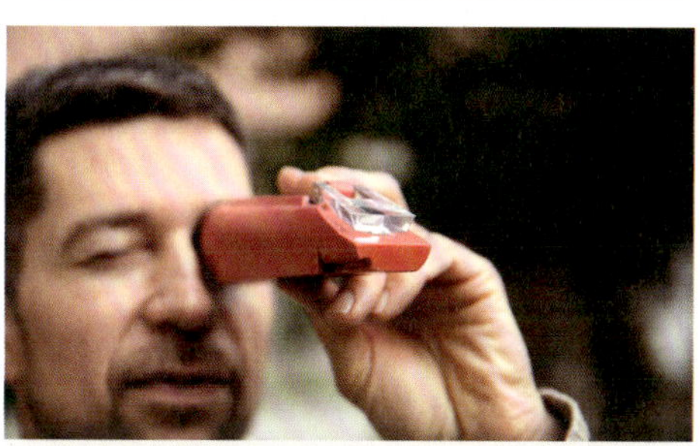

5. Um die Qualität zu bestimmen, wird der Zuckergehalt mittels Refraktometer gemessen …

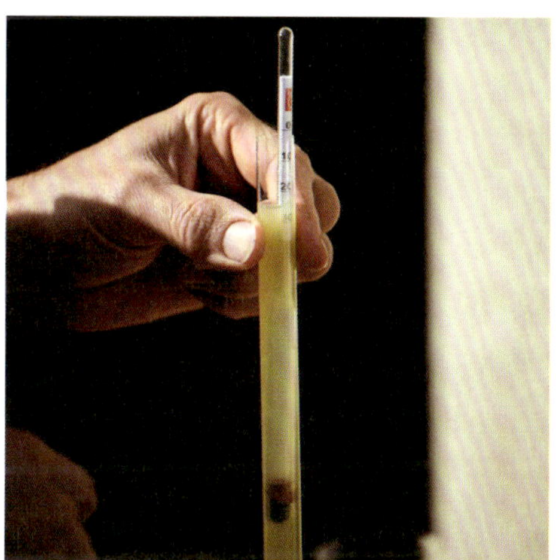

6. … oder mit einer Mostwaage.

7. Frischmost sollte unbedingt verkostet werden.

8. Hier zum Vergleich: Most, vorgeklärter Most, Sturm.

9. Der Frischmost wird nun in einen Glasballon gefüllt.

10. Weiter geht es mit dem Hefeansatz.

11. Und so läuft die Gärung ab: Nach Verschluss des Ballons wird erst einmal beobachtet.

12.Gärender Most.

13. Gegen Ende der Gärung.

14. Gärende.

15. Nach der Gärung heißt es noch einmal Auffüllen.

16. Die Hefe setzt sich ab …

17. … und das sieht dann so aus: Geläger am Boden.

18. Abziehen von der Hefe.

19. Den Schlauch nicht zu tief eintauchen.

20. Am Ende verbleibt der Hefetrub.

21. Das Beste kommt zum Schluss: Verkostung.

Rotweinbereitung

Allgemein

Bei der Rotweinbereitung ist es besonders wichtig, bei der Ernte darauf zu achten, dass die Trauben gut ausgereift, ausgefärbt und gesund sind. Bei faulem Traubenmaterial kommt es zu Enzym-Aktivitäten, die Bräunungsreaktion hervorrufen.

Im Gegensatz zur Weißweinbereitung werden die blauen Trauben auf der Maische (→ siehe Seite 135) vergoren und erst danach abgepresst. Da sich die Farbstoffe (Anthozyane) der europäischen Traubensorten nur in den Schalen befinden, ist dieser Auslaugungs-Prozess notwendig. Weiters werden auch entsprechende Gerbstoffe (Tannine) ausgelaugt, dadurch ergibt sich der typische Rotwein-Charakter.

Wenn Rotweintrauben sofort und schonend abgepresst werden, erhält man einen weißen Most. Werden sie nach einer kurzen Maischestandzeit abgepresst, entsteht Roséwein.

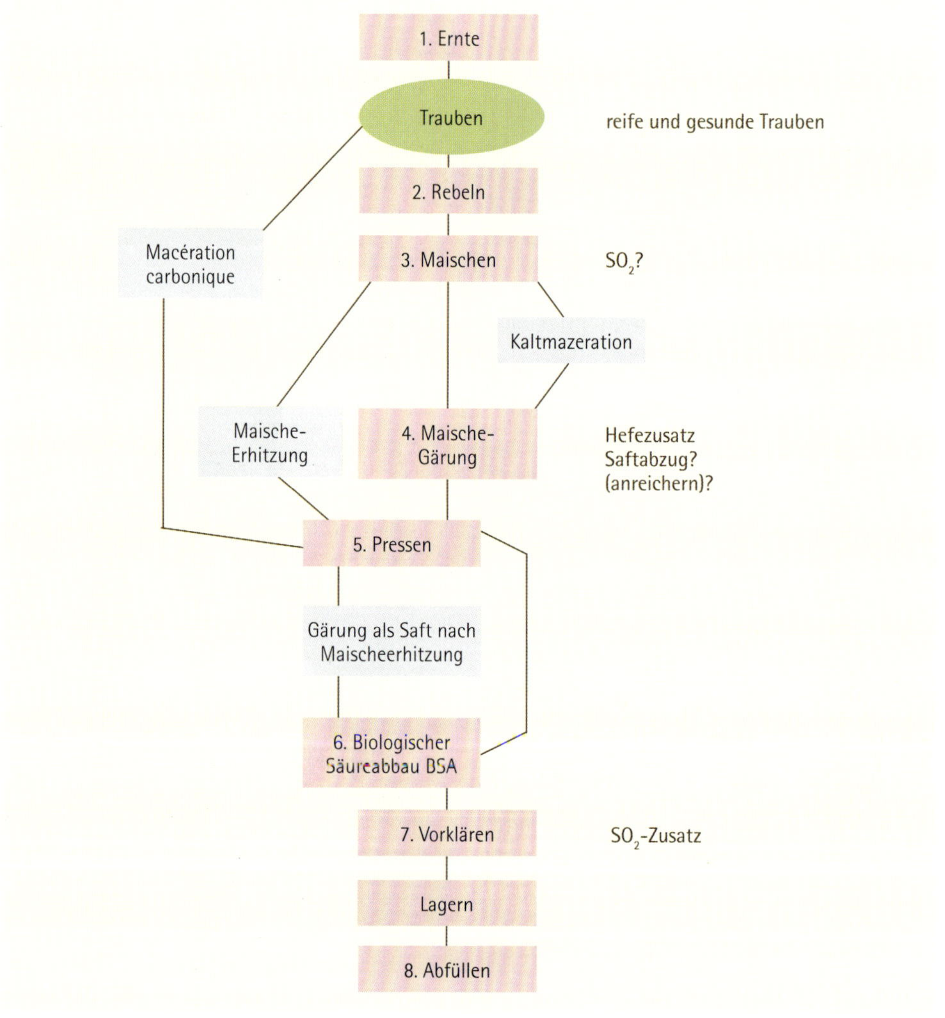

Die Rot- und Weißweinbereitung gleichen sich in ihren Grundschritten, weisen aber einige Unterschiede auf. Grundlegend kann die Herstellung von Rotwein wie folgt zusammengefasst werden:

1. Trauben ernten (→ siehe Seite 113)
2. Trauben vorbereiten (rebeln)
3. Trauben maischen
4. Alkoholische Gärung
5. Pressen
6. Biologischer Säureabbau
7. Vorklären und lagern
8. Abfüllen

2. Trauben vorbereiten (rebeln)

→ Siehe Weißweinbereitung Seite 118.

3. Trauben maischen

→ Siehe Weißweinbereitung Seite 118.

4. Alkoholische Gärung

Maische-Gärung

Die Maische-Gärung ist die häufigste Form der Rotweinbereitung. Daneben gibt es noch andere Methoden, wie die Maische-Erhitzung und die Macération carbonique, die wir anschließend beschreiben möchten. Das Rebeln sollte erfolgen, weil es durch den langen Maische-Kontakt zur Auslaugung von unerwünschten Gerbstoffen kommen würde (→ siehe auch Seite 118). Gleich nach dem Rebeln werden die Trauben gequetscht. Aufgrund der langen Maische-Kontaktzeit ist eine Schwefelung (→ siehe Seite 122) auf der Maische vorteilhaft.

Maischegärung bei Rotwein

Um dichtere, dunklere Rotweine zu erhalten, kann der Maische-Menge ein Teil des Saftes entnommen werden (**Saftabzug**). Dieser abgezogene Saft (von 10–20 %) kann dann als Roséwein weiterverarbeitet werden. Dadurch erfolgt in der verbleibenden Menge eine Konzentration von Farb- und Gerbstoffen.

Am einfachsten erfolgt die Maische-Gärung in einem offenen Behälter (Bottich, Lesebox etc.), wo die Maische eingefüllt und vergoren wird. Wichtig ist eine gute Start-Temperatur von 20 °C, damit die Maische schnell zu gären beginnt. Durch die Zugabe von Reinzuchthefen kann dies beschleunigt werden (→ siehe Seite 123). Der Behälter wird am besten mit einer lebensmittelechten Folie abgedeckt, um Verluste von Aroma und Alkohol zu mindern. Das bei der Gärung entstehende CO_2 treibt die festen Bestandteile der Maische an die Oberfläche. Deswegen muss zur besseren Farb-Auslaugung diese auf der Oberfläche schwimmenden Schicht (der sogenannte Maischehut) immer wieder untergetaucht werden. Die Auslaugung der Farbe ist nach einigen Tagen abgeschlossen, der Gerbstoffgehalt nimmt mit längerer Maischestandzeit noch zu.

Im Profibereich haben sich neben Holzgär-Ständern auch spezielle Rotwein-Gärtanks mit Maische-Taucher, Überflutung oder Luftumwälzung durchgesetzt.

Kalt-Mazeration

Eine spezielle Rotweinbereitungs-Methode ist die Kalt-Mazeration. Hier wird zur besseren Aroma-Auslaugung die Maische noch vor der Gärung mehrere Tage (bis zu 10) bei 5–10 °C gekühlt. Am einfachsten erfolgt dies mit Trockeneis. Erst dann erfolgt die eigentliche Maische-Gärung nach Anwärmen der Maische.

Maische-Erhitzung

Durch das kurzzeitige Erhitzen der Maische platzen die Zellen in den Schalen auf und der Farbstoff wird schnell frei. Die Erhitzung erfolgt schonend durch einen Röhrenwärmetauscher auf 55–70 °C, je nach Einwirkungsdauer (zwischen wenigen Minuten bis zu mehreren Stunden). Anschließend kann gepresst werden, danach erfolgt die Gärung als roter Saft.

Macération carbonique

Bei diesem Verfahren werden die ganzen Trauben in einen mit CO_2 gefüllten Behälter gebracht. Direkt in den Beeren kommt es zu einer Gärung, und die Beeren werden nach einigen Tagen weich. Erst danach geht die Gärung in eine Maische-Gärung über. Diese Methode ist vor allem für fruchtbetonte und gerbstoffärmere Weine gedacht.

5. Pressen

Nach der Maische-Gärung erfolgt das **Pressen**, welches sehr schonend und mit wenig Druck erfolgen sollte. Andernfalls würde zu viel Trub entstehen, da die Maische nach der Gärung schon sehr gut aufgeschlossen ist. Mehr zum Thema Pressen → siehe Kapitel Weißweinbereitung, Seite 119.

6. Biologischer Säureabbau (BSA)

Gleich nach der Gärung beginnt der biologische Säure-Abbau im noch warmen und trüben Jungwein. Der biologische Säureabbau ist heutzutage beim Rotwein Standard. Üblicherweise werden in der Praxis oft BSA-Starterkulturen (im Handel erhältlich) verwendet. Hierbei erfolgt durch Milchsäurebakterien die Umwandlung der geschmacklich harten Apfelsäuren in weichere Milchsäure. Dies nennt man auch „malolaktische Fermentation", bei der der Gesamtsäurewert im Wein gesenkt wird. Der Wein erhält einen etwas volleren und runderen Geschmack. Aufgrund des gänzlichen Abbaus der Apfelsäure sind die Weine auch mikrobiologisch stabiler und benötigen deswegen auch weniger SO_2.

Starterkultur für BSA (Biologischer Säure-Abbau).

Die regelmäßige Kontrolle des Jungweines ist in allen Stadien des Weins, besonders in der des biologischen Säure-Abbaus, notwendig. Der Säureabbau dauert einige Wochen, dabei sollte der Wein eine Temperatur um ca. 20 °C haben.

7. Vorklären und lagern

Nach dem Ende des Säure-Abbaus sollte mindestens eine Woche gewartet werden, bevor der Wein **geschwefelt** wird. Der SO_2-Gehalt sollte ca. 30–40 mg/l betragen. Danach wird der Wein durch mehrmaliges Absetzenlassen und umziehen **vorgeklärt** (→ siehe Seite 121). Oft werden Rotweine in **Holzfässern**, häufig in Barriquefässern, gelagert. Kleine Holzfässer ermöglichen durch ihre relativ große Oberfläche einen guten Sauerstoff-Kontakt, der für den Rotwein-Ausbau sehr positiv ist. Eine gewisse Holznote kann bei kräftigen

Barriquefässer zur Weinlagerung.

Rotweinen den Geschmack gut unterstreichen. Der Geschmack des Holzes sollte den Wein jedoch nicht überlagern.

Eine **Bentonit**-Schönung (→ siehe Seite 122) ist bei Rotweinen normalerweise **nicht** notwendig.

8. Abfüllen

Rotweine werden oft durch mehrmaliges Umziehen geklärt. Nach ausreichender Lagerung, wenn der Wein blank und stabil ist, kann der fertige Rotwein, auch ohne Filtration, in Flaschen gefüllt werden. Eine Filtration aus Sicherheitsgründen ist ebenso möglich.

Sonstige Weine

Eine eigene Kategorie der Weinbereitung sind **kohlensäurehaltige Weine**, darunter fallen **Perl- und Schaumweine**. Zu den Schaumweinen gehört auch Sekt, für den Grundwein nochmals vergoren wird, wodurch die Kohlensäure entsteht.

Darüber hinaus gibt es noch eine Vielzahl anderer Möglichkeiten, wie Weine mit Destillatzusatz, mit Trockenbeeren oder mit Aromazusätzen.

Trends

Wie so vieles im Leben unterliegen auch die Geschmacksvorlieben der WeinkonsumentInnen Trends, Modeerscheinungen und Neuentdeckungen. Momentan gibt es eine Strömung „zur ursprünglicheren Weinbereitung" mit verschiedenen Bezeichnungen wie Naturwein, naturreiner Wein, vin vivant, naked wines, orange wine, Amphorenwein und andere.

Hier gibt es viele Möglichkeiten wie maischevergorene Weißweine, Schwefelreduktion oder Schwefelverzicht, Weinausbau in Stein-, Ton- oder Betonbehältern u.v.m.

Eine Maische-Gärung bei Weißweinen, zum Beispiel, führt zu breiteren extraktreicheren Weinen mit höherer Farbintensität und höherem Gerbstoffgehalt. Solche Weine kommen auch mit weniger oder ohne Schwefelung aus, haben aber einen anderen Charakter als „klassische Weißweine".

Kennzeichnung von Weinen

Wenn der Wein abgefüllt und in Verkehr gebracht wird, sind alle Bestimmungen des Weingesetzes und der Verordnungen einzuhalten. Genaue Bestimmungen zum Bezeichnungsrecht (Schriftgrößen, Abkürzungen etc.) ändern sich laufend und wollen wir hier nicht näher anführen, zumal sie für den Hausgebrauch wohl auch nicht benötigt werden. In Österreich ist ein Leitfaden für die Bezeichnung der Etiketten aktuell abrufbar bei der Bundeskellereiinspektion: http://www.bundeskellereiinspektion.at/downloads/bezeichnung/bezeichnungsvorschriften.pdf

Wichtige Wein-Angaben sind Qualitätsstufen, Herkunft, Sorte, Jahrgang, Alkoholgehalt und die Angabe vom Restzuckergehalt, die auch den WeinkonsumentInnen dienlich sind.

Der Restzuckergehalt wird angegeben als

trocken:	bis max. 9 g/l, wenn die Gesamtsäure nicht mehr als 2 g/l niedriger ist
halb-trocken:	bis max. 18 g/l, wenn die Gesamtsäure nicht mehr als 10 g/l niedriger ist
lieblich:	bis 45 g/l
süß:	über 45 g/l

Weinfehler & Weinkrankheiten

Wir wollen hier nur einige von vielen Weinfehlern und -krankheiten herausgreifen. Bei Problemen tauschen Sie sich am besten mit anderen WinzerInnen, Weinbauschulen oder mit einem Beratungslabor aus.

Generell ist auf gesundes Traubenmaterial und im Keller bei den Behältnissen, Schläuchen etc. auf absolute Lebensmittelechtheit, Säure- und Laugenbeständigkeit und natürlich Sauberkeit zu achten. So können Risiken von Weinfehlern wie z.B. Schimmelgeschmack minimiert und verhindert werden. Weinfässer, die länger nicht genutzt und konserviert wurden, dürfen nicht mehr verwendet werden.

Weinstein

Weinstein(-Ausfällungen) setzt sich in der Flasche in Form von Kristallen am Boden ab und stellt eigentlich keinen Fehler dar (→ siehe auch Seite 125). Die Kristalle haben keine negativen Auswirkungen auf den Weingeschmack, trotzdem wird Weinstein manchmal als Mangel gesehen.

Eiweißtrübung

Diese tritt durch Ausscheidungen von thermolabilem Eiweiß auf, wenn zu wenig oder keine Bentonit-Schönung erfolgt ist (→ siehe dazu Bentonit-Schönung, Seite 122).

Essigstich

Essigstich wird durch Bakterien hervorgerufen und kann sich mit einem dezenten bis starken Essiggeruch oder -geschmack bemerkbar machen. Es können auch optische Trübungen feststellbar sein. Die Essigbakterien dafür können bereits bei der Ernte der Trauben mitgeliefert worden sein. Vor allem bei Befall der Trauben mit Essigfliegen oder Wespen kann schlecht ausgeschnittenes Traubenmaterial die Bakterien in den Wein eintragen. Um dies zu verhindern, ist es wichtig, Trauben genau und großzügig auszuschneiden. Als Gegenmaßnahme sind eine Schwefelung der Trauben und der Verzicht auf Maischestandzeit notwendig. Eine schnelle Gärung, eventuell mit Reinzuchthefen, wäre empfehlenswert (→ siehe auch Seite 123).

Braunwerden

Die Braunverfärbung von Wein kann mehrere Ursachen haben, meistens wird sie durch Oxidation und enzymatische Reaktionen von gefaultem Traubenmaterial ausgelöst. Um dem entgegenzuwirken, ist wiederum der vorsichtige Schwefeleinsatz wichtig (→ siehe auch Seite 125).

Böckser

Der Geruch eines Böcksers erinnert an faule Eier, Kohl oder verbrannten Gummi. Der Geschmack ist faulig, käsig. Durch gutes Vorklären und nicht übermäßiges Schwefeln vor der Gärung kann dem Böckser entgegengewirkt werden. Bei anspruchsvollen Hefen auf die Nährstoff-Versorgung achten. Wenn der Böckser schon wahrnehmbar ist, dann sollte der Jungwein rasch von der Hefe abgezogen und belüftet werden.

Kahmigwerden (Kahmhefe)

Kahmhefe ist ein auf dem Wein schwimmender weißer Hefe-Belag, der einen muffigen Geruch verströmt und dem Wein einen schalen, dünnen, essigsauren Geschmack, eventuell nach ranziger Butter, verleiht. Als Gegenmaßnahmen sind das ständige Vollhalten der Weinbehälter und ein ausreichender Schwefeleinsatz (→ siehe auch Seite 125) notwendig.

Rosé -Traubensaft: unbedingt ausprobieren!

Saftherstellung

→ Siehe auch Bildserie auf Seite 141 "So einfach gelangt man zum selbst zubereiteten Saft!"

Frischer Traubensaft

Unter Traubenmost versteht man den frischen Saft der Trauben gleich nach der Pressung. Hochwertiger, selbstgemachter Traubensaft schmeckt einfach herrlich – und das natürlich nicht nur Kindern.

Es können sowohl Weiß- als auch Rotweintrauben verwendet werden. Wenn der Saft ein bisschen säuerlich schmecken soll, dann beginnt man mit der Ernte 1–2 Wochen vor der eigentlichen Haupternte. Möchte man den Saft jedoch sehr süß haben, dann wartet man mit der Ernte bis zur Vollreife der Trauben.

Besonders wichtig für die Herstellung von Traubensaft ist, dass wirklich nur gesunde Beeren verwendet werden. Falls kranke oder faule Beeren auf einer Traube vorhanden sind, dann muss man diese unbedingt entfernen. Vor allem bei Schimmelbefall besteht die Gefahr von erhöhten Mycotoxinwerten (Pilzgifte), die gesundheitsschädlich sein können. Auch geschmacklich kann Schimmel eine Beeinträchtigung darstellen.

Frischer Saft kann leicht portionsweise im Tiefkühlfach eingefroren werden. Da sich die Flüssigkeit ausdehnt, unbedingt auf die Gefäßgröße achten! So kann der Saft auch nach der Traubenernte-Zeit bequem für Kompotte, Smoothies, Müslis oder einfach nur zum Trinken verwendet werden.

Pasteurisierter Traubensaft

Ernte und Saft-Vorbereitung

Die Grundbedingungen für die Ernte sind die gleichen wie bei der Gewinnung von frischem Traubensaft. Bei pasteurisiertem Traubensaft ist das saubere und genaue Arbeiten besonders wichtig. Für die Traubensaft-Produktion dürfen die Trauben nicht zu reif sein, da der Saft sonst zu viel Zucker und zu wenig Säure enthält und dadurch unharmonisch werden kann. Das Pressen der Trauben sollte möglichst rasch vor sich gehen. Auf eine Maischestandzeit wird verzichtet oder diese wird sehr kurz gehalten.

Der aus den Trauben gewonnene Most sollte sich einige Stunden, am besten über Nacht absetzen, damit nicht zu viel Trub in der Flasche landet (→ siehe auch Seite 121). Dieser Vorgang wird durch die natürlich vorkommenden pektinabbauenden Enzyme ermöglicht. Um den Prozess zu beschleunigen, können pektolytische Enzyme zugegeben werden.

Um eine Trübung durch thermolabiles Eiweiß in der Flasche zu verhindern, kann es notwendig sein, dieses Eiweiß durch eine Bentonit-Schönung (spezielle Tonerde) zu entfernen (→ siehe auch Seite 122). Erst nach dem Pektin-Abbau (dauert einige Stunden) wird das in Wasser vorgequollene Bentonit zugegeben. Vor allem bei Mosten aus Weißweintrauben und in trockeneren Jahren sind die Gehalte von thermolabilem Eiweiß oft höher.

Nach dem Absetzenlassen des Mostes bzw. auch des Bentonits wird der geklärte Saft abgezogen (mittels Schlauch oder Pumpe) und ist zum Pasteurisieren bereit. Der Trub bleibt am Boden des Behälters.

Flaschen

Bereits vor dem Abfüllen müssen Flaschen und die dazu passenden Verschlüsse organisiert werden. Wichtig: Werden Flaschen mehrmals verwendet, müssen diese ganz sauber sein. Der Vorgang des Heißabfüllens (→ siehe „Pasteurisieren") und des Verschließens soll rasch vor sich gehen. Die Flaschen bis fast ganz obenhin anfüllen, da sich das Volumen beim Abkühlen verringert. Am besten die Flaschen ganz heiß auf den Kopf stellen und so langsam auskühlen lassen. Als Alternative zur Flasche können auch Bag-In-Box-Verpackungen verwendet werden – diese müssen für Heißabfüllungen geeignet sein.

> Sonja: „Wir produzieren jedes Jahr unseren Traubensaft selbst. So wie beim Wein gibt es auch beim Traubensaft jährlich leichte Geschmacksunterschiede. Gerade das macht einen selbstgemachten Traubensaft aber aus!"

Verschlüsse

Bei den Flaschen-Verschlüssen eignen sich Kronenkorken (Bierkapseln) sehr gut, weil diese mit einem kostengünstigen Handverschließer verschlossen werden können.

Weiters gibt es auch Schraubverschlüsse mit vorgefertigtem Gewinde, die man händisch verschrauben kann. Dadurch kann man sich eine teure Maschine sparen.

Bei den in der Getränkewirtschaft verwendeten Schraubverschlüssen wird das Gewinde erst beim Verschließvorgang durch die Verschraubmaschine geprägt.

Pasteurisieren

Der frische Most wird auf mindestens 75 °C erhitzt und heiß in die dafür vorgesehenen Flaschen gefüllt. Diesen Vorgang nennt man pasteurisieren. Bei diesen Temperaturen werden Hefen und Enzyme inaktiviert. Dadurch kann der Saft nicht mehr zu gären beginnen und ist, ohne Zusatz von etwaigen Konservierungsmitteln, lange haltbar. Aufgrund des natürlichen Säuregehaltes (niedriger ph-Wert) im Most ist die Mindesthaltbarkeit für zwei Jahren gegeben – im Gegensatz zu pasteurisierter Frischmilch (hoher ph-Wert), die nur einige Tage haltbar ist.

Ausstattung

Bei kleinen Mengen kann der Saft in einem Kochtopf unter ständigem Rühren erhitzt werden.

Es gibt aber auch Geräte für den Haushalt, bei denen eine Rohrspirale durch einen Druckkochtopf geführt und der Saft, im Durchflussverfahren auf der Herdplatte, erhitzt werden kann.

Weiters gibt es kleinere Pasteurisations-Anlagen oder auch größere Anlagen mit Platten-Wärme-Tauschern. Einige spezialisierte Unternehmen bieten die Traubensaft-Produktion und -Abfüllung im Lohnverfahren an.

So einfach gelangt man zum selbst zubcreiteten Saft!

1. Wohin mit den perfekten Trauben? Ab in die Traubenquetsche.

2. Los geht's mit dem Pressen.

3. Blick in die Presse mit Presstuch.

4. Handarbeit: Die Presse dreht sich nicht von allein im Kreis. Pressvorgang

5. Der erste Saft läuft ab.

→

6. Wichtiges Zubehör: Einkochtopf mit Thermostat.

7. Blick in den Topf.

8. Heißes Abfüllen in Flaschen.

9. Verschließen mit Kronenkorken.

10. Fertig ist der fruchtig-frische Rosé-Traubensaft.

11. Presskuchen.

Eine spezielle Form der Traubensaft-Bereitung ist der **Rote Traubensaft.**

Hierbei wird durch einen zusätzlichen Arbeitsschritt aus den ausschließlich blauen Trauben die Farbe gewonnen. Dafür gibt es folgende Möglichkeiten:

- Erhitzen der Maische für 1–2 Minuten auf 85 °C: Dabei platzen die Zellen auf und der rote Farbstoff wird frei. Nach dem Abkühlen erfolgt die weitere Verarbeitung wie oben beschrieben.
- „Kalt-Mazeration": Dabei wird die Maische für einige Tage auf ungefähr +4 °C abgekühlt (am besten mit Trockeneis) und stehen gelassen, bis genügend Farbstoff ausgelaugt ist. Anschließend wird die farbige Maische abgepresst und verarbeitet wie bei weißem Traubensaft.

Toni: „Ein Ausfall von Weinstein in der Flasche ist nach Abkühlen des pasteurisierten Traubensaftes ganz natürlich und könnte nur durch teure technische Verfahren entfernt werden."

Federweißer/Sturm

Wenn Frischsaft ohne Wärmebehandlung stehen gelassen wird, dann entsteht aus dem Saft durch Hefen Sturm (auch Federweißer genannt). Um den Gärungsprozess vom leichten „Prickelsaft" zum „starken Sturm" zu unterbrechen, stellt man die Flaschen in den Kühlschrank. Wenn das Getränk allerdings alkoholischer sein sollte, lässt man die offenen Flaschen (ansonsten besteht Explosionsgefahr) in der Wärme stehen. Abhängig ist der Gärungsverlauf von der Temperatur, dem Vorklärungsgrad, der Reife bzw. dem Zuckergehalt, dem Nährstoffgehalt und den Hefen.

Weitere Produkte vom Weinstock

Auch die Weinblätter können verwendet werden.

Weinblätter als Medizin

Die Römer verwendeten frische Weinblätter zur Wundbehandlung. Heute werden Weinblätter – insbesondere von Rotweintrauben – zur Behandlung von Venenerkrankungen eingesetzt.

Weinblätter in der Küche

In der Küche – v.a. in der griechischen und türkischen – sind Weinblätter als Beigabe zu würzigen Gerichten zu finden. Ein Rezept für gefüllte Weinblätter finden Sie im Rezeptteil (→ siehe Seite 148).

Weinblätter-Tee

Schöne, zarte Blätter werden im Frühsommer gesammelt, wenn das Gewebe noch zart ist. Man darf natürlich nicht zu viel Laubmasse vom Stock entfernen, um diesem nicht zu schaden. Die Blätter können frisch oder getrocknet verwendet werden. Der Tee ist etwas herb und kann bei Durchfall helfen.

Wein-Ranken

Auch die jungen Ranken können verspeist werden, sie schmecken säuerlich-würzig: zum Knabbern oder als Dekoration, in Salaten und Saucen.

Traubenkernöl

Kaum zum Selbermachen, aber zwecks Vollständigkeit wollen wir noch zwei Traubenkernprodukte vorstellen: **Traubenkernöl und Traubenkernmehl.**

Nur die gewaschenen und anschließend getrockneten Traubenkerne (ohne Fruchtfleisch und Schale) werden für die Herstellung von Traubenkernöl gepresst. Die Öl-Ausbeute ist jedoch sehr gering. Die Traubenkerne enthalten lediglich 2–3 % Öl. 1 Liter Traubenkernöl wird aus ungefähr 40 kg Kernen gepresst, was einer Traubenmenge von 2.000 kg entspricht. Deswegen ist auch der hohe Preis erklärbar. Der Geschmack ist sehr prägnant und nussig. Auch hier ist – aufgrund möglicher Rückstände – Öl von biologischen Trauben zu bevorzugen.

Traubenkernöl wird gerade von der Kosmetikindustrie wiederentdeckt.

Mit seinem 80–90 % hohen Anteil an ungesättigten Fettsäuren und geringen Prozentsatz an Linolensäure kann dieses im Gegensatz zu anderen kaltgepressten Ölen erhitzt werden.

Traubenkernmehl

Traubenkernmehl entsteht, indem der entölte Pressrückstand fein gemahlen wird. Dieses Mehl dient als Backzusatz und wird oft als Nahrungsergänzungsmittel verwendet.

Rosinen

Nur zur Erklärung folgende Begriffe:

- Rosinen nennt man alle Sorten von getrockneten Trauben. Korinthen nennt man die meist kernlosen, kleinen und dunklen Beeren aus der Region der gleichnamigen Stadt Korinth in Griechenland.
- Sultaninen stammen von der Sorte ‚Sultana' (‚Thompson seedless') und sind größer und saftiger. Sie kommen meist aus der Türkei, aber auch aus Kalifornien, Australien und Südafrika.
- Manchmal werden diese Bezeichnungen aber auch vermischt.
- Sehr reife und sortierte Trauben werden getrocknet. In warmen und heißen Ländern übernimmt die Sonne das Trocknen. Der Beere wird dabei Wasser entzogen und der Saft konzentriert. Für den Hausgebrauch ermöglichen Solardörrer mit Ventilatoren oder Dörrgeräte eine gute Trocknung.

Sonja: „Mein Dörrgerät braucht ca. 10 Stunden von der Traube zur geschrumpelten Rosine. Die Rosine sollte weder zu trocken noch zu feucht sein, da sonst Schimmelbildung möglich ist."

Eine weitere Trocknungsmöglichkeit bietet der Backofen, aber der Kostenaufwand ist hoch. Wenn man z.B. Brot bäckt und dann die Restwärme verwendet, ist es effizienter, die Trocknungsdauer ist aber trotzdem sehr lang.

Gedörrte Rosinen auf Gitter.

Fertige Rosinen.

Die Inhaltsstoffe der Traube, v.a. Kalium, Kalzium, Magnesium und Eisen, bleiben teilweise erhalten, deswegen gelten Rosinen auch als Kraftnahrung.

Toni: „Die Qualität der eigenen Bio-Rosinen ist, finde ich, unvergleichlich. Selbst Rosinen-Gegner lassen sich so verführen."

Vorausschauend für Weihnachten und die kältere Jahreszeit kann man Rosinen auch in Rum einlegen. Vanilleeis mit selbstgemachten Rum-Rosinen – herrlich! Die Rosinen in gut verschließbare Schraubverschlussgläser geben, da auch Lebensmittelmotten Rosinen lieben!

Verjus

Der Name Verjus leitet sich vom Französischen „vert jus" ab, was „grüner Saft" bedeutet.

Früher diente Verjus nicht nur als Säuerungs- und Würzmittel, sondern wurde auch als Heilmittel (für die Verdauung) angesehen. Verjus wurde schon zu Zeiten Hippokrates von Kos (400 v. Chr.) als Medizin empfohlen.

In Frankreich, der Türkei, Griechenland, Iran und angrenzenden Ländern wird Verjus in der täglichen Küche verwendet. Original Dijonsenf wird z.B. mit Verjus hergestellt, nicht mit Essig. Durch das Bekanntwerden der Zitrone geriet der „Grüne Saft" jedoch ein wenig in Vergessenheit.

Heutzutage erlebt Verjus ein Comeback als hochwertiges Säuerungs- und Würzmittel oder als Essig-Ersatz. Verjus ist milder als Essig oder Zitrone und kann auch gut als Aperitif verwendet werden.

Verjus ist der Saft von noch unreifen Weintrauben. Da der Säuregehalt erst mit der zunehmenden Reife der Beeren abnimmt, ist dieser Saft noch sehr säurehaltig, v.a. Apfel- und Weinsäure sind dominierend. Zur Herstellung von Verjus lassen sich beispielsweise Trauben von einer etwaigen Ertragsregulierung (→ siehe auch Seite 86) verwenden.

Es können sowohl blaue als auch weiße Trauben verwendet werden. Wichtig ist dabei gerade im konventionellen Anbau, dass die vorgeschriebenen Wartezeiten nach der letzten Ausbringung von Pflanzenschutzmitteln mindestens eingehalten werden.

Die unreifen Trauben können geerntet werden, sobald sie Saft geben. Es braucht ein optimales Verhältnis von Säure und Süße, welches man durch das Erntedatum variieren kann.

Die Haltbarmachung erfolgt durch Pasteurisierung (→ siehe Seite 140) oder Steril-Filtration. So entstehen ein feinsäuerlicher Geschmack und eine feine Würze. Neben den Säuren ist auch ein hoher Anteil an Polyphenolen im Verjus enthalten, die für den leicht bitter-herben Geschmack verantwortlich sind.

Rezepte

Trauben lassen sich ganz herrlich verarbeiten. Haben Sie schon einmal einen grünen Blattsalat mit Walnüssen und Weintrauben garniert? Oder besonders köstlich: zur Vesper eine Käseplatte mit verschiedenen Sorten von Hart- bis Weichkäse, dazu Weintrauben, Walnüsse und ein Glas Grüner Veltliner!

Weintrauben-Gurken-Smoothie

Es gibt so viel Smoothie-Rezepte, da sind der Phantasie keine Grenzen gesetzt. Man nimmt dazu immer grob geschnittenes, saisonales Gemüse (der Mindestanteil sollte bei 50 % liegen) und Obst und zerkleinert dieses mindestens eine Minute lang in einem guten Smoothie-Mixer. Hier ein leichter und schneller Weintrauben-Gurken-Smoothie für 2 Personen – ein toller Frischekick am Vormittag.

Weintrauben-Gurken-Smoothie.

- 1 kleine Gurke
- 1 kleine Weintraube, mit oder ohne Kerne
- 1/2–1 EL Einkorn- oder Haferflocken
- 1 TL Leinsamen
- 1 EL Walnussöl
- 400 ml Wasser

Traubengelee

Für die Herstellung von Traubengelee nimmt man ca. 3/4 l frisch gepressten Traubensaft und 1 kg 1:1 Gelierzucker, damit die Masse gut „ins Stocken kommt". Nach einer Gelierprobe wird das Gelee ganz heiß in saubere Schraubverschlussgläser gefüllt und auf den Kopf gestellt. Das Gelee kann mit Aromen wie Zitronen, Vanillezucker oder Zimt verfeinert werden. Das Verwenden von nicht ganz reifen Trauben schadet nicht, da das Gelee so eine gute süß-säuerliche Note erhält. Bei reifen Trauben kann man etwas Zitronensaft oder -säure dazugeben.

Optisch besonders ansprechend ist weinrotes Traubengelee, aber die Herstellung funktioniert auch mit allen anderen Traubensorten und -farben. Lassen Sie den Saft nur nicht zu lange stehen, damit es zu keiner Braunfärbung kommt.

Das Gelee schmeckt hervorragend als Frühstücks-Brotaufstrich, eignet sich aber auch als Wildbeilage oder wird zur kalten Käseplatte genossen.

Schneller Traubenkuchen

- 3 Eier
- 3 EL Wasser
- 120 g Zucker
- 120 g Mehl
- Marillen-(Aprikosen)marmelade zum Bestreichen
- kernlose Trauben als Belag
- Tortengelee

Sonja: „Ich empfehle bei Kuchen und Strudeln kernlose Trauben, um nicht ein unerwartetes Crunchy-Erlebnis zu haben."

Eier mit Wasser und Zucker schaumig schlagen, anschließend das Mehl vorsichtig unterheben. Die Masse wird hell bei 180 °C gebacken. Marillenmarmelade auf das ausgekühlte Biskuit streichen. Kernlose Trauben auf der Marmelade verteilen und anschließend mit Tortengelee übergießen. Wenn es besonders feierlich sein soll, mit Schlagsahne servieren.

Schneller Traubenkuchen.

Traubenstrudel

(ein Rezept meiner Mutter)

Für den Strudelteig:

- 250 g Weizenmehl Typ 480 glatt
- 1/2 TL Salz
- 1/8 l warmes Wasser
- 2 EL Öl

Für die Fülle:

- 1 kg kernlose Weintrauben
- 120 g Butter
- 300 g Semmelbrösel
- Nüsse, Zimt, Zitronensaft oder -schale, nach Belieben

Strudelteig-Zutaten zu einem Teig kneten und mindestens eine halbe Stunde lang gehen lassen.

Den Strudelteig nach dem Rasten in zwei Teile teilen und auf einem Tuch dünn ausziehen. Auf den ersten Teil zunächst die Brösel verteilen, dann die entstielten Trauben daraufgeben, nach Belieben verfeinern und einrollen. Es dürfen nicht zu viele Weintrauben sein, da sonst der Teig reißt. Den Strudel auf ein Backblech setzen und mit dem zweiten Teil genauso verfahren. Im Backofen ca. 45 Minuten bei 180 °C hellbraun backen und heiß servieren.

Traubenstrudel.

Joghurt-Topfen-Kuchen

Für den Teig:

- 4 Eiweiß
- 1 Prise Salz
- 4 Eigelb
- 80 g Zucker
- 80 g Mehl

Für die Topfen-(Quark)masse:

- 500 g Topfen (Quark)
- 400 g Joghurt
- 20 g Puderzucker
- Saft und Schale von 1 Zitrone
- etwas Vanillezucker
- 6 Blatt Gelatine

- Marillen-(Aprikosen)marmelade zum Bestreichen
- kernlose Trauben zum Befüllen

Zunächst Eiweiß mit Salz steif schlagen. Anschließend Eigelb und Zucker schaumig rühren. Mehl und Schnee unterheben, Masse in eine Tortenform gießen und bei 180 °C ca. 20 Minuten backen.

Ausgekühltes Biskuit in der Mitte halbieren, einen Teil mit Marillenmarmelade bestreichen. Für die Topfenmasse den Topfen mit Joghurt, Puderzucker, Zitronenschale und -saft sowie Vanillezucker verrühren. Die aufgelöste Gelatine unter die Masse rühren. Die Topfenmasse zur Gänze auf den mit Marmelade bestrichenen Boden geben, dazwischen immer wieder Trauben einrieseln lassen. Die zweite Biskuithälfte daraufsetzen und mindestens drei Stunden kühl stellen, damit die Topfenmasse gut stockt.

Gefüllte Weinblätter.

Gefüllte Weinblätter

- 200 g Weinblätter
- Butter zum Anrösten
- 1 große Zwiebel, fein gehackt
- 100 g Faschiertes
- ½ l Wasser
- 200 g Einkornreis oder Reis
- Kräuter wie Petersilie, Dill, Minze, etwas Knoblauch
- Gewürze wie Zitrone, Salz, Pfeffer, Koriander
- Zitronensaft und Olivenöl zum Beträufeln

Frische junge Weinblätter ohne Stiele ungefähr 5 Minuten im Wasser kochen, dann abseihen, abtropfen und abkühlen lassen.

Die Butter erhitzen und die Zwiebel darin anschwitzen. Anschließend das Faschierte dazugeben und anbraten. Mit dem Wasser ablöschen, den Reis dazugeben und 10 Minuten köcheln lassen. Am Schluss die Kräuter dazugeben und abkühlen lassen. Nach Belieben abschmecken.

Die Weinblätter mit der Masse befüllen und einrollen. Einen Topf mit Weinblättern auslegen, die Röllchen hineinschichten und mit Zitronensaft und Olivenöl beträufeln. Die Röllchen anschließend mit heißem Wasser knapp bedecken und ungefähr 45 Minuten bei 180 °C im geschlossenen Topf fertig garen, bis die Flüssigkeit fast aufgesogen ist. Zu den gefüllten Weinblättern können eine Sauerrahm-Knoblauchsauce, Hummus, Tsatsiki oder Tomaten serviert werden.

Joghurt-Topfen-Kuchen.

Anhang

Das Weingartenjahr und seine wichtigsten Arbeiten im Überblick

Abhängig vom Standort; vom Vegetationsverlauf, der jedes Jahr varriiert; vom gewählten Erziehungssystem und in Bezug auf Pflanzenschutzmaßnahmen (u.a. Laubarbeit) auch von der Empfindlichkeit der einzelnen Sorte.

Januar

- Vegetationsruhe
- Beginn des Rebschnitts

Februar

- Vegetationsruhe
- Rebschnitt

März

- Vegetationsruhe
- letzte Möglichkeit für den Rebschnitt vor dem Austrieb, Biegen und Anbinden der Fruchtruten

April

- Austriebsbeginn
- Knospen sind in diesem Stadium sehr empfindlich, Rebholz zerkleinern

Jänner: Vegetationsruhe, Rebschnitt.

März: Vegetationsruhe, Weingarten fertig gebunden, vor Austrieb.

Februar: Vegetationsruhe, Winterknospe.

April: Knospenschwelle.

April, nicht nur die Weinknospen brechen auf …

April: Knospenaufbruch.

April: Beginn des Austriebs, die ersten Blätter beginnen sich zu entfalten.

Mai

- rasches Triebwachstum
- Ausbrechen überzähliger Triebe in der Laubwand und am Stamm, Bodenpflege- und evtl. Pflanzenschutzmaßnahmen

Mai: Blätter sind entfaltet.

Mai: rasches Triebwachstum.

Mai: Geschein.

Juni

- Blüte
- bei Spalier-Erziehung sollte das Einschlaufen der Triebe bis zur Blüte erledigt sein; Bodenpflege- und evtl. Pflanzenschutzmaßnahmen

Juni: Weinblüte.

Juni: kurz vor Weinblüte.

Juni: Ende der Weinblüte.

Juli

- Beeren- & Traubenwachstum
- Geiztriebe und evtl. einige Blätter in der Traubenzone entfernen, Einkürzen zu langer Sommertriebe, Einschlaufen raushängender Triebe, Bodenpflege- und evtl. Pflanzenschutzmaßnahmen

Juli: Beeren- & Traubenwachstum, voll entwickelte Laubwand.

Juli: Beeren erbsengroß.

August

- Reifebeginn
- Ergänzen der Laubarbeiten wie nochmaliges Einkürzen und Entfernen zu dicht stehender Blätter in der Traubenzone, bei zuviel Traubenansatz entfernen von einzelnen Trauben (teilen), Bodenpflege- und evtl. letzte Pflanzenschutzmaßnahmen, Ernte besonders frühreifer Sorten

August: Umfärben der Rotweintrauben.

August: Reifebeginn.

September

- fortschreitende Reife
- Lesebeginn bei frühreifenden Sorten, Bodenpflegemaßnahmen z.B. Mulchen, Vorbereitung Kellereiarbeiten

Oktober

- Beerenreife
- Weinlese, Vearbeitung des Lesegutes, Kellerarbeiten

November

- beginnender Laubfall
- Weinlese bei spätreifenden Sorten bzw. Prädikats- und Eisweinen, anhäufeln der Rebstöcke

Dezember

- Winterruhe

September: Ernte von Frühsorten.

November: Das Weingartenjahr neigt sich dem Ende zu.

Oktober: Ernte.

Dezember: Winterruhe.

Im Weingartenjahr gibt es viel zu tun. Die Arbeit in der Natur tut gut und die Ernte entschädigt allemal dafür.

Bezugsquellen

Leider sind nur sehr wenige Rebschulen tatsächlich biologisch zertifizierte Betriebe. Aus diesem Grund haben wir auch andere Adressen angegeben. Die Auswahl erhebt keinen Anspruch auf Vollständigkeit.

Rebschulen in Österreich

- **Arche Noah**
  Obere Straße 40, A-3553 Schiltern
  Telefon: +43 (0) 2734 8626
  Fax: +43 (0) 2734 8627
  E-Mail: info@arche-noah.at
  Homepage: www.arche-noah.at
  (weitere Kontaktadressen im Arche Noah Erhalter-Netzwerk-Katalog)
- **Artner Baumschule**
  Waldviertler Bio-Baumschulbetrieb
  Reichenau am Freiwald 9, A-3972 Bad Großpertholz
  Telefon: +43 (0) 2857 2970
  Fax: +43 (0) 2857 25177
  E-Mail: artner@biobaumschule.at
  Homepage: www.artner.biobaumschule.at
- **Backknecht Rebschule**
  Unterer Mitterweg 10, A-3495 Rohrendorf
  Telefon: +43 (0) 2732 84494
  Fax: +43 (0) 2732 84494 4
  E-Mail: office@rebschule.at
  Homepage: www.rebschule.at
- **Hummel Baumschule**
  A-3721 Niederschleinz 58
  Telefon: +43 (0) 2959 2376
  Fax: +43 (0)2959 2376 4
  E-Mail: office@baumschule-hummel.at
  Homepage: www.baumschule-hummel.com
- **Schiller Baumschule**
  A-7412 Wolfau
  Telefon: +43 (0) 3356 388
  Fax: +43 (0) 3356 7745
  E-Mail: office@garten-schiller.at
  Homepage: www.baumschule.at/schiller
- **Schmid Rebschule**
  Volksschulsiedlung 13, A-2061 Hadres
  Telefon: +43 (0) 2943 3544
  E-Mail: rebschule-schmid@aon.at
  Homepage: www.rebschule-schmid.at
- **Schreiber Baum- & Rebschule**
  Im Gmirk 3, A-2170 Poysdorf
  Telefon: +43 (0) 2552 2676
  Fax: +43 (0) 2552 3388
  E-Mail: robert@schreiber-baum.at
  Homepage: www.schreiber-baum.at

Tschida Rebschule

- Krotzen 1, A-7143 Apetlon
  Telefon: +43 (0) 2175 2255
  Fax: +43 (0) 2175 2255 3
  E-Mail: info@rebschule-tschida.com
  Homepage: www.rebschule-tschida.com
- **Walek Rebschule**
  Am Heumarkt 9, A-2170 Poysdorf
  Telefon: +43 (0) 2552 2354
  E-Mail: walek@reben.at
  Homepage: www.reben.at

Rebschulen in Deutschland und der Schweiz

- **Antes Weinbauservice GmbH**
  Königsberger Straße 4a, 64646 Heppenheim / Bergstraße
  Telefon: +49 (0) 6252 77101
  Fax.: +49 (0) 6252 787326
  E-Mail: weinbau.antes@t-online.de
  www.antes.de
- **Volker Müller**
  Am Speyerer Weg 1, 67157 Wachenheim
  Telefon: +49 (0) 6322-989403
  Fax: +49 (0) 6322 989404
  E-Mail: mailto@rebschule-mueller.de
  Homepage: www.rebschule-mueller.de
- **Rebschule Völker Freytag**
  Theodor-Heuss-Straße 78, 67435 Neustadt/ Weinstraße
  Telefon: +49 (0) 6327 2143

Telefax: +49 (0) 6327 3476
E-Mail: info@rebschule-freytag.de
Homepage: www.rebschule-freytag.de

- **Rebschule Schmidt – Hartmut Schmidt**
  Marktbreiter Straße 30, 97342 Obernbreit
  Telefon: +49 (0) 9332 34 52
  Fax: +49 (0) 9332 39 86
  info@rebschule-schmidt.de
- **Rebschule Steinmann**
  Sandtal 1, 97286 Sommerhausen
  Telefon: +49 (0)9333 225
  Fax: +49 (0) 9333 1764
  E-Mail: info@reben.de
  Homepage: www.reben.de
- **Auer Rebschule & Klonenzüchtung**
  Martin Auer, 8215 Hallau
  Telefon: +41 (0) 52681 2627
  Fax: +41(0) 52681 4563
  E-Mail: auer@rebschulen.ch
  Homepage: www.rebschulen.ch

Züchter von pilzwiderstandsfähigen Rebsorten

- **PIWI International**
  Internationale Arbeitsgemeinschaft zur Förderung pilzwiderstandfähiger Rebsorten
  www.piwi-international.org
  Geschäftssstelle:
  c/o Roman Baumann
  CH-3946 Turtman
  Telefon: ++41 (0) 27932 3415
  E-Mail: robau@gmx.net
- **Institut für Weinbau Klosterneuburg**
  Abteilung Rebenzüchtung
  Rehgraben 2, A-2103 Langenzersdorf
  Telefon: +43 (0) 2244 2286
  Fax: +43 (0) 2244 29554
- **Ing. Georg Paul Weiss**
  Untere Quergasse 19, A-7122 Gols
  Telefon: +43 (0) 2173 2409
  E-Mail: rebenzuechungweiss@aon.at
  Homepage: www.rebenzuechtung.at
- **Forschungsanstalt Geisenheim**
  Abteilung Rebenzüchtung
  Von-Lade-Str. 1, D-65366 Geisenheim
  Telefon: +49 (0) 7622 5020
  Fax: +49 (0) 7622 502212
- **Staatliche Lehr- und Versuchsanstalt für Wein- und Obstbau Weinsberg**
  Traubenplatz 5
  Postfach 1309, D-74189 Weinsberg
  Telefon: +49 (0) 7134 5040
  Fax: +49 (0) 7134 504133
- **Bayerische Landesanstalt für Wein- und Gartenbau Veitshöchheim**
  Herrnstrasse 8, D-97209 Veitshöchheim
  Telefon: +49 (0) 931 98010
  Fax: +49 (0) 931 9801 550
- **Laimburg** Züchtungsanstalt und Fachschule für Obst-, Wein- und Gartenbau
  Laimburg 22, I-39040 Post Auer
  Telefon: +39 (0) 471 599100
  Fax +39 (0) 471 599285
  E-Mail: fs.laimburg@schule.suedtirol.it
  Homepage: www.fachschule-laimburg.it
- **Domaine Blattner – Valentin Blattner**
  Viticulteur encaveur
  Suar la Fin, CH-2805 Soyhières
  Telefon: +41 (0) 32 423 32 66
  Fax: +41 (0) 32 423 32 67
- **Agroscope Changins-Wädenswil ACW**
  Domaine du Caudoz
  21, avenue de Rochettaz, CH-1009 Pully
- **Weinbauinstitut Kecsketmét**
  Jutató Intéete
  Katona Zs. u. 5
  H-6000 Kecskemét-Katonatelep

Safran – Bezugsadresse

- Mag. Bernhard Kaar
  Wachauer Safran Manufaktur
  Bahnhof Dürnstein 76, 3601 Dürnstein
  info@wachauer-safran.at
  www.wachauer-safran.at

Bezugsquellen und Beratung für biologische Pflanzenschutzmittel

Österreich

- **Firma biohelp GmbH**
  Kapleigasse 16, A-1110 Wien
  Tel.: +43 (0) 1 767 98 51
  Fax: +43 (0) 1 767 98 51 19
  E-Mail: office@biohelp.at
  Homepage: www.biohelp.at

Deutschland

- **Biofa AG**
  Rudolf-Diesel-Str. 2, D-72525 Münsingen
  Telefon.: +49 (0) 7381 9354-0
  Telefax: +49 (0) 7381 9354-54
- Homepage: www.biofa.de

Schweiz

- **Andermatt Biogarten AG**
  Stahlermatten 6, 6146 Grossdietwil
  Telefon: +41 (0) 62 917 50 00
  Fax: +41 (0) 62 917 50 0
  E-Mail: info@biogarten.ch
  Homepage: www.biogarten.ch

Weitere Adressen

- **Verein der Freunde des Uhudler**
  Weinmuseum 1, A-7540 Moschendorf
  Telefon: +0043 (0) 03324 6318
  office@uhudlerverein.at

Literaturverzeichnis

Bücher

- Brigitte Bartha-Pichler et al.: Osterfee und Amazone. Löwenzahn Verlag.
- Karl Bauer et al.: Weinbau. Agrarverlag.
- Pierre Basler und Robert Scherz: PIWI Rebsorten. Strutz Druck AG.
- Walter Eckhart: Uhudler Legende. Mandelbaum Verlag.
- Werner Ollig (Hrsg.): Anbau von Tafeltrauben. Ulmer Verlag.
- Robert Steidl: Kellerwirtschaft. Agrarverlag.

Zeitschrift

- Der Winzer. 11/2017. Schwedischer Wein – ist das möglich? Von DI Robert Steidl.

Internet

- http://www.uhudlerverein.at
- https://de.wikipedia.org/wiki/Verjus
- https://de.wikipedia.org/wiki/Geschichte_des_Weinbaus
- https://de.wikipedia.org/wiki/Kleine_Eiszeit
- https://de.wikipedia.org/wiki/Reberziehung
- https://de.wikipedia.org/wiki/Weinbau_in_Argentinien
- https://de.wikipedia.org/wiki/Weinbau_in_Zypern
- https://de.wikipedia.org/wiki/Weinbau_in_Chile
- https://de.wikipedia.org/wiki/Weinbau_in_Kanada

Das kleine Wörterbuch der Winzerinnen und Winzer:

Abgang	Dauer und Nachgeschmack bei einer Weinverkostung
Alterung	natürlicher Reifeprozess des Weines
Ampelografie	beschreibende Rebsortenkunde
aromatisch	duftig, fruchtiges Bukett
aufdringlich	intensiver Duft, eventuell etwas ins Unharmonische gehend
Auge	Augen oder auch Knospen werden für den Austrieb im nächsten Jahr gebildet
Ausbau	Methode, mit der der Wein zur Reife geführt wird
Banderole	Zeichen für Qualitätswein in Österreich
Barriquefass	Holzfässer aus Eiche mit einem Fassungsvermögen von rund 225 l zur Weinlagerung
Beerenauslese	Prädikatswein
belüften	Zuführung von Sauerstoff in der Weinbereitung
Bentonit	spezielle, hochwertige Tonerde zur Eiweißstabilisierung im Wein
blank	optisch klarer Wein oder Traubensaft, frei von Trübstoffen
Blattlappen	Teil eines Blattes, der durch Einbuchtungen vom restlichen Blatt getrennt wird
Blattspreite	gesamte Blattoberfläche
Blume	Duft des Weins
bluten	Austritt von Flüssigkeit aus den Schnittstellen des Rebstocks vor dem Austrieb
Böckser	fehlerhafter Wein, der nicht gut riecht; etwas nach fauligen Eiern
Botrytis	siehe Edelfäule
brandig	Wein, der zu alkoholisch schmeckt
BSA	Abkürzung für Biologischer Säureabbau: Abbau von Äpfelsäure zu Milchsäure
Bukett	Geruch oder Duft eines Weines
Charakter	Weinmerkmal, abhängig von der Sorte, der Herkunft und dem Ausbau des Weines
cuvée	Verschnitt von verschiedenen Weinen
DAC	Abkürzung für „districtus austriae controllatus"; Weine, die sorten- und gebietstypisch sind
dekantieren	Wein, der in eine Karaffe gefüllt wird, um das Depot abzutrennen, damit der Wein atmen kann
Depot	Bodensatz in einer Flasche, der aber die Trinkqualität nicht mindert, wird durch Dekantieren entfernt
duftig	Wein mit feinem und zart angenehmen Geruch
Edelfäule	Botrytis-Pilz (Botrytis cinerea) sorgt für Zuckerkonzentration und Aromen im Wein
Edelreiser	Teil, der bei der Veredelung auf die Unterlage gepfropft wird
Eiswein	Prädikatswein mit mindestens 25 °KMW Mostgewicht, die Trauben müssen bei der Lese gefroren sein
Eiweißtrübung	Ausscheidung von thermolabilem Eiweiß
Entsäuerung	Säureminderung im Most oder Wein

Enzyme	Biokatalysatoren für biochemische Reaktionen
Erziehung	unterschiedliche Formgebungs-Möglichkeiten des Weinstocks
Esca	Krankheit am Weinstock
Essigton	Trauben oder Wein, die nach Essig riechen (Weinfehler)
Extrakt	die Summe von Zucker, Mineralstoffen, Gerb- und Farbstoffen etc.
extraktreich	breiter, fülliger und geschmacklich dichter Wein
Federweißer	Sturm, noch gärender Most
formieren	biegen und binden der Fruchtruten
frisch	meist junger, animierender Wein mit angenehmer Säure
fruchtig	fruchtbetonter, duftiger Wein
Fruchtrute	einjähriger Trieb, der beim Winterschnitt belassen wird
füllig	kräftiger, intensiver Wein mit viel Extrakt
Fungizid	Pflanzenschutzmittel gegen Pilzkrankheiten
Gelatine	tierisches Eiweiß zur Gerbstoff-Schönung
Gemischter Satz	Wein, der aus unterschiedlichen Traubensorten gemeinsam gekeltert wird
Gerbstoffe	pflanzliche Stoffe aus der Schale, den Kernen, dem Stilgerüst oder aus dem Holz von Barriquefässern
geschultert	Form der Traube
halbtrocken	Wein mit etwas Zuckergehalt, der aber noch nicht lieblich oder süß ist
harmonisch	gut eingebundener, runder Wein
herb	höherer Gerbstoffgehalt, meistens etwas zu viel
Holzreife	ausgereiftes einjähriges Holz, wichtig für die Überwinterung
Internodien	Abstand zwischen den Knoten am einjährigen Trieb
Jungfernlese	erster Ertrag eines Weingartens
klar	blanker, optisch sauberer Wein ohne Trübstoffe
Klärung	Entfernung von Trübstoffen durch Schwerkraft oder Filtration
KMW	Klosterneuburger Mostwaage, zeigt die Zuckergradation des Mostes an
Knospe	siehe Auge
Kohlensäure (CO_2)	entsteht bei der Gärung von Wein und bleibt in geringen Teilen im Wein enthalten
konisch	Form der Traube
Körper	die Fülle des Weins
körperarm / -reich	dünner Wein / gehaltvoller Wein
Kordon	waagrechter Teil des alten Holzes eines Rebstocks
Tannine	siehe Gerbstoffe
Lagenwein	Wein aus einer bestimmten Riede

Lederbeere	eingetrocknete Weinbeere, Symptom des Falschen Mehltau
Lenz Moser	Pionier der Hochkultur des österreichischen Weinbaues
lieblich	Wein mit Restsüße
Luftge-schmack	Wein, der zu lange offen stand und deswegen oxidativ schmeckt
Maische	gequetschte Weinbeeren
Mehltau	Pilzkrankheit der Rebe
mild	ein harmonischer und säurearmer Wein
mineralisch	Duft- und Geschmackseindruck von Wein, der auf mineralischen Boden schließen lässt
Mostgewicht	Zuckergehalt im Most
muffig	unsauberer bis schimmeliger Geruch und Geschmack im Wein oder Most
Nase	fachliche Umschreibung für den Duft eines Weines
Nodien	Knoten am einjährigen Trieb, die im Sommer Blätter tragen
Oechsle	Maßeinheit für den Zuckergehalt im Most
Pasteurisie-rung	schonendes Erhitzen auf mindestens 75 °C zur Haltbarmachung von z.B. Traubensaft
Pheromon	Duftstoffe
Pfefferl	würziger Geschmack, vor allem bei der Sorte Grüner Veltliner
PIWI-Sorte	Abkürzung für pilzwiderstandsfähige Sorte
Prädikatswein	Weine besonderer Reife- und Leseart
Qualitätswein	in Österreich ab einem Mindestmostgewicht von 15° KMW mit staatlicher Prüfung
Rebe	Teil des Weinstocks
Reblaus	Wurzelschädling der Rebe
reduktiv	Wein unter Luftabschluss ausgebaut, Gegenteil von oxidativ
Refraktometer	Messgerät zur optischen Ermittlung des Zuckergehaltes im Traubenmost
resch	sehr säurebetonter Wein
Restzucker	Restsüße. Zuckergehalt im fertigen Wein
rispenförmig	Form der Traube oder des Gescheins
rund	geschmacklich harmonischer Wein, gut ausbalanciert
Rute	siehe Fruchtrute
samtig	weicher Geschmack, vor allem beim Rotwein
sauber	reintöniger Wein im Duft und Geschmack
sauer	Geschmack beim Wein mit zu hohem Säuregehalt
Schönung	Weinbehandlung zur Harmonisierung
schwer	Wein mit kräftigem Körper und meistens hohem Alkoholgehalt
Setzling	junge, pflanzbereite Rebe
Spätlese	Prädikatswein mit mindestens 19° KMW Mostgewicht

spritzig	frischer Wein mit spürbarerer Kohlensäure, v.a. bei ‚Grüner Veltliner'
Staubiger	Wein, der von der Gärung noch trüb ist
Stielbucht	Merkmal für die Unterscheidung von Rebsorten; Blattausformung beim Stielansatz
Strecker	siehe Fruchtrute
Strohwein	Prädikatswein mit mindestens 25 °KMW Mostgewicht, mindestens drei Monate auf Stroh, Schilf oder luftgetrocknet gelagert
Sturm	Federweißer, noch gärender Most
süffig	ein Wein, der gut zum Trinken ist
süß	Wein mit deutlichem Restzuckergehalt
Tannine	siehe Gerbstoffe
Terroir	Begriff für die Einflussnahme von Klima, Lage und Boden auf den Wein
Traube	Fruchtstand der Rebe
Trauben-schluss	Stadium in der Traubenentwicklung, bei dem die Beeren das Stilgerüst verdecken
Trester	Pressrückstand bei der Saftgewinnung
trocken	Wein ohne schmeckbaren Zuckergehalt, im Gegensatz zu süß oder lieblich
Trockenbee-renauslese	spezieller Prädikatswein
Unterlage	Veredelungspartner, der die Wurzel beim Rebstock bildet
Veredelung	Verbindung von Edelreis und Unterlage
verrieseln	Abfallen einzelner oder mehrerer Blüten einer Traube, die nicht befruchtet wurden
vollmundig	meist kräftiger Wein mit breitem Gaumen
walzenförmig	Form der Traube
Wasserschoss	Triebe aus dem alten Holz
Weinausbau	alle Arbeitsschritte zwischen dem Ende der Gärung und der Abfüllung des Weines
Weinstein	Kristall-Ausscheidung der Weinsäure
wurzelecht	Bezeichnung für Rebpflanze mit eigenen Wurzeln, ohne Veredelung
wurzelnackt	Rebsetzling ohne Topf und Erde
Zapfen	kurzes einjähriges Holz von 1–3 Augen

Fotos Innenteil:
Alle Fotos Sonja und Toni Schmid, www.tonischmid.at, außer:
Rolf Göder: 57, 75
Franziska Lerch: 121l, 141, 142, 143
Rupert Pessl Photography: 1, 2, 9, 11, 13, 14, 15, 16, 20, 26lo, 28, 30, 32, 33, 42, 43, 44, 55ro, 56, 59, 61, 74, 81o, 85, 98, 99, 104u, 107lo, 109u, 110, 111, 114, 124, 126, 129, 130, 131, 132, 133, 139, 145, 146, 147, 149, 154lu, 164, 168
Klaus Pichler: 10
Dr. Ferdinand Regner: 37m, 37rm, 37ro, 39lo
Dieter Schewig – schewig Fotodesign: 150lo
Anita Winkler: 109o
Wikimedia Commons: 94m: Rolf Gebhardt, „Eriophyes vitis blatt ganz front" (https://commons.wikimedia.org/wiki/File:Eriophyes_vitis_blatt_ganz_front.jpg), lizenziert unter Creative-Commons-Lizenz CC BY-SA 3.0, URL: https://creativecommons.org/licenses/by-sa/3.0/legalcode. 94u: Rolf Gebhardt, „Eriophyes vitis blatt ganz rueck" (https://commons.wikimedia.org/wiki/File:Eriophyes_vitis_blatt_ganz_rueck.jpg), lizenziert unter Creative-Commons-Lizenz CC BY-SA 3.0, URL: https://creativecommons.org/licenses/by-sa/3.0/legalcode

Die Autoren

Sonja Schmid (geb. Wunderer)

Ich bin auf einem traditionellen Bauernhof mit Vieh, Wein und Landwirtschaft aufgewachsen. Das ganze Jahr hindurch wurde die gesamte Familie mit dem Gemüse aus dem großen Garten der Mutter selbst versorgt und verwöhnt.

Nach acht Jahren Arbeit bei einer Versicherung und über 12 Jahren Tätigkeit im Verein Arche Noah arbeite ich nun im eigenen Biobetrieb und nebenbei als Kellergassen- und Kräuterführerin. Die Arbeit im Weingarten liebe ich ganz besonders. Im Sommer wie im Winter ist es für mich herrlich, das Gedeihen der Weinstöcke zu beobachten und die entsprechenden Arbeitsschritte begleitend zu setzen.

Für mich ist eine biologische, vielfältige und nachhaltige Lebensweise von großer Wichtigkeit. Eine hochwertige Eigenversorgung mit Getreide, Ölen, Obst, Gemüse, Brot und Trauben aus unserem Betrieb haben dabei einen hohen Stellenwert.

Toni Schmid

Ich bin am elterlichen Bauernhof sehr naturverbunden aufgewachsen. Nach der Ausbildung an der Höheren Wein- und Obstbauschule Klosterneuburg habe ich während meines Landwirtschafts-Studiums an der Universität für Bodenkultur den elterlichen Betrieb übernommen. 2006 erfolgte die Umstellung des Weinbaubetriebs auf biologisch-organische Bewirtschaftung. Große Freude bereitet mir auch die Vortragstätigkeit an der Weinakademie Österreich im Rahmen des Winzerjahreskurses in Krems.

Besonders wichtig sind mir: hochwertige und nachhaltig erzeugte Lebens- und Genussmittel, z.B. von der Traube bis zum Traubensaft, Frizzante und Wein, vom Einkorn bis zum geschliffenen Reis, Mehl und Brot.

Stichwortverzeichnis

So kann Selbstversorgung gelingen!

Andrea Heistinger, Arche Noah
Basiswissen Selbstversorgung aus Biogärten
Individuelle und gemeinschaftliche Wege und Möglichkeiten
fest gebunden, 472 Seiten
€ 39.90 | ISBN 978-3-7066-2548-7

Andrea Heistinger hat zur Selbstversorgung das Buch geschrieben, dass ich mir in der Vergangenheit oft gewünscht und vorgestellt habe: Fundiert, umfangreich, locker und mit Blick für regionale und gemeinsame Selbstversorgung. Weltklasse!

Michael Hartl, Experiment Selbstversorgung

Das komplette Basiswissen zur Selbstversorgung!

- » alle Grundlagen zum Thema moderne Selbstversorgung
- » Wege zu erntefrischer Sortenvielfalt und lebendigen Lebensmitteln
- » mit Anbauempfehlungen für Gemüse, Obst und Kräuter
- » Möglichkeiten zur gemeinschaftlichen Versorgung: Foodcoops, Community-supported agriculture (CSA), Selbsterntefelder, Crowdfunding, Garten-Genossenschaften und Regionalwert-AGs
- » mit genauem Saisonkalender: was ist wann zu tun, was kann wann geerntet werden
- » Gartenplanung für unterschiedliche Regionen und Höhenlagen: Sortenwahl und Fruchtfolge
- » Bienen und Hühner: Honig und Eier aus eigener Haltung
- » Praxis-Tipps zu Haltbarmachung und Lagerung: ganzjährig versorgt

Andrea Heistinger
Agrarwissenschafterin und erfolgreiche Gartenbuchautorin, immer am neuesten Stand, Biogartenexpertin. www.andrea-heistinger.at

Arche Noah setzt sich seit über 25 Jahren für den Erhalt alter Kulturpflanzen und ihre Weiterentwicklung ein. Der Schaugarten in Schiltern bei Langenlois zeigt hunderte Sortenraritäten. www.arche-noah.at

Löwenzahn Verlag auf **facebook**

Dieses und weitere Biogartenbücher finden Sie auch auf unserer Website
www.loewenzahn.at